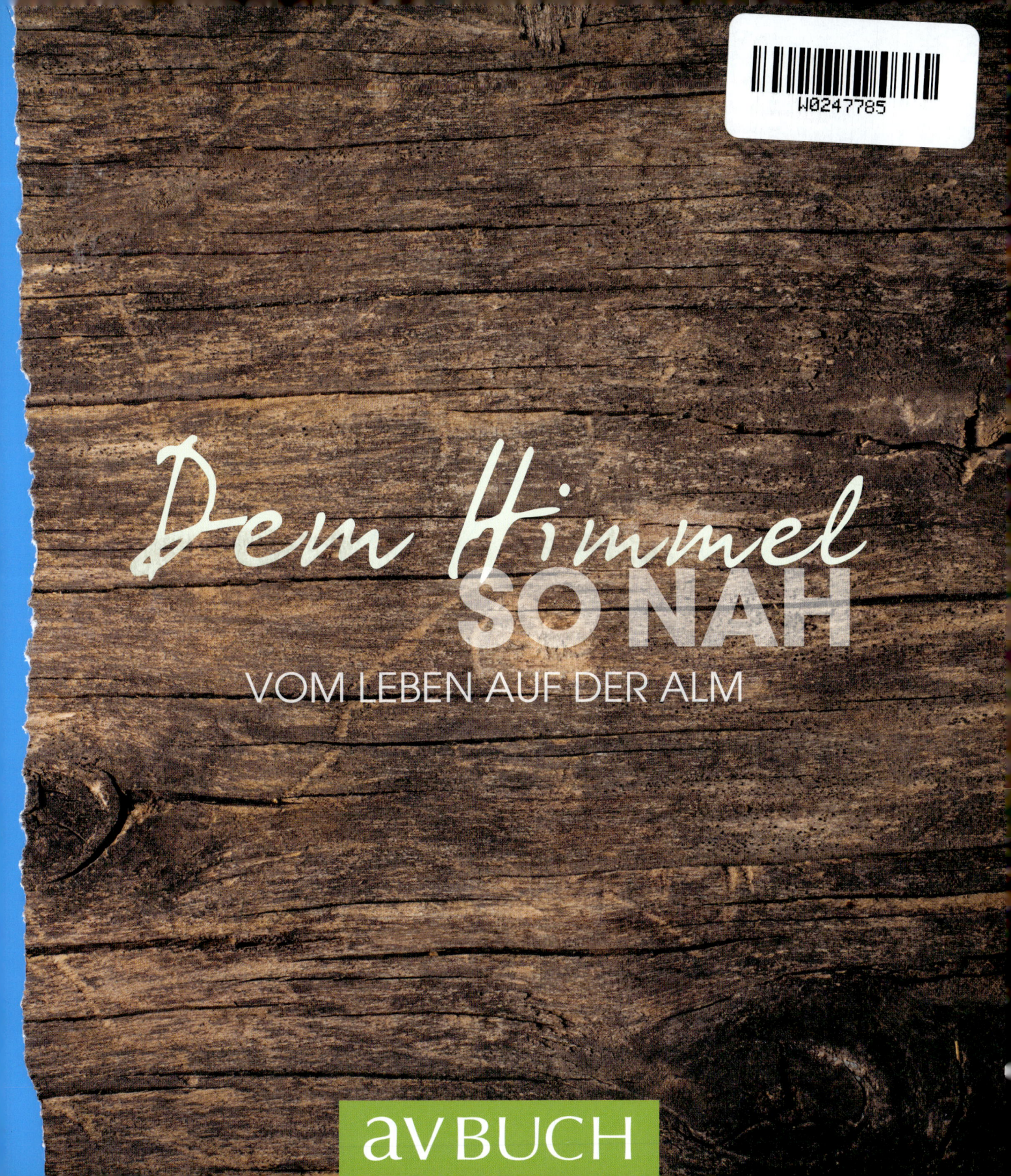

Dem Himmel SO NAH

VOM LEBEN AUF DER ALM

av BUCH

Gedanken zum Einstieg

Dem Himmel so nah sind die Sennerinnen während eines Almsommers in vielerlei Hinsicht, die Seehöhe der Almen ist nur ein kleiner Teil davon. Viele andere Dinge in der Natur rund ums Almleben machen die Nähe zum Himmel aus. Die Arbeit einer Sennerin beginnt mit dem Erwachen des Tages und der Versorgung des ihr anvertrauten Viehs. Anschließend werden die frisch gewonnenen Produkte der Weiterverarbeitung zugeführt. Dem Himmel so nah sind die Sennerin wie auch der Senner im positivsten Sinne. Sie arbeiten und leben mit und in der Natur, mit Demut und Wertschätzung für das, was uns das Leben schenkt. Jede Sennerin betreut und versorgt liebevoll das Vieh und sie bewirtet die Almgäste aufs Beste.

Die Menschen, die auf der Alm leben, wohnen und arbeiten, respektieren die Gesetze der Natur. Wenn das Vieh gesund bleibt, keine Unwetter die Almen heimsuchen, alle Almgeherinnen und Almgeher die Einkehr in der Almhütte in verschiedensten Formen genießen, dann sind Sennerinnen und Senner dem Herrgott dankbar. Dazu die strahlenden Augen der Gäste, wenn sie sich an den frisch zubereiteten Köstlichkeiten erfreuen, die auf der Alm produziert werden. Das alles macht das Almleben so richtig gschmackig. Derart naturbelassene Lebensmittel zu genießen ist ein Glück, das der Wanderer oder Urlauber auf der Alm findet. Es stellt sich dann schon bald bei allen Almbesuchern ein Gefühl von Zufriedenheit und Wohlbefinden ein. Ein Leben auf der Alm ist für viele eine unwiederbringliche Auszeit, auch wenn Arbeit damit verbunden ist. Dafür gibt es zur Belohnung Leben und Ruhen mit der Natur – dem Himmel nah!

Jede Alm ist anders! Von den äußeren Gegebenheiten der Alm bis hin zur Bewirtschaftungsform. Wir haben alle vorgestellten Almen besucht und es war für uns sehr spannend, mit all den Menschen zu reden und das Erzählte dann niederzuschreiben. Die herzliche Aufnahme und bäuerliche Gastfreundschaft auf allen Betrieben zeugt vom besonderen Charakter der Menschen, die mit ihren Almen „ein Herz und eine Seele" sind.

Im Juli 2016

Eva Maria Lipp   Eva Schiefer

Ein Sommer auf der Alm

Starker Regen hämmert auf das Blechdach, es blitzt und donnert. An schlafen bei diesem Radau in der niedrigen, kleinen Dachkammer ist nicht zu denken. Immer tiefer verschwinde ich im „Rogelloch" des Strohsackes, ein Loch im Leinenbezug zum Auflockern des Strohs, die Decke schützend über den Kopf gezogen. Diese Gewitternacht im Juli 1961 werde ich mein Leben lang nicht vergessen. Zusammen mit meiner Schwester habe ich den Sommer auf der Marzoner Alm hoch über Kastelbell verbracht. Meine Eltern hatten uns aus Angst vor der Kinderlähmung, die sich in diesem Jahr im Tal stark ausgebreitet hatte, hier herauf in Quarantäne verfrachtet. Die Alm als schützender Ort, eine kleine Insel am Berg, weg von der Welt. Drei Monate, die mich geprägt haben mit vielen Erinnerungen, die ein Leben lang bleiben: Bilder vom riesigen Butterberg im kühlen, feuchten Keller, der jeden Tag größer wurde, vom langen Rauschebart von Wenni, dem Hirten, von Frieda und dem besten selbst gemachten Himbeersaft, den ich je getrunken hatte, von den ersten Metern ohne Sattel auf dem Rücken eines jungen Haflingers, von meinem Taschenmesser, mit dem ich das sogenannte Jägerbrot aus den stacheligen Silberdisteln geschnitten habe. Ich erinnere mich noch an die speckigen Lederhosen, mit denen man ohne Schaden zu nehmen von Knotten – riesigen Findlingen, die es nahe der Alm zuhauf gab – rutschen konnte, ohne dass sie kaputt gingen, an die von der Oma selbst gestickte kratzige, aber unverwüstliche Sar-

ner Jacke, die kuhwarme, fette Milch und das Alm-Mus, das wir alle aus einer Pfanne gelöffelt haben. An manchen Nachmittagen haben wir Kinder, ausgerüstet mit kleinen zerbeulten Milchkannen, Walderdbeeren und Himbeeren gegenüber der Alm „im Brannt" gepflückt. Den Namen hat der Ort, weil es in diesem Waldstück Jahre zuvor ein riesiges Feuer gegeben hatte, dem der gesamte Baumbestand zum Opfer gefallen war. Als Belohnung gab's dann am Abend ein Schälchen voll mit den köstlichen Früchten und mit einem Löffel frischem Rahm obendrauf.

Vor der Alm stand der Brunnen, ein ausgehöhlter Baumstamm, mit kaltem, glasklarem Wasser – das Waschen war eine richtige Mutprobe und wir Kinder versuchten uns zu drücken, wann immer es ging. Meine Toilette, ein ausgehöhlter Baumstumpf, war ein paar Gehminuten oberhalb der Alm im Wald versteckt und exklusiv.

Wir Kinder waren frei und glücklich, der Gampen, wie die Weide rund um die Alm genannt wird, war unser überdimensionaler Spielplatz. In der Nacht die Sterne viel näher als unten im Tal. Die Stille unendlich.

Manchmal aber war die Natur auch Angst einflößend, dann, wenn es Blitz und Donner im gleichen Moment gab und ich froh war, wenn ich mich im Strohsack verstecken konnte.

Die Alm – ein schützender Ort für Mensch und Tier – ganz nahe am Himmel. Was bleibt sind Bilder einer unbeschwerten Zeit am Berg.

Udo Bernhart

Inhalt

Vom Leben auf der Alm

Dem Himmel so nah – ein Weg, sich wieder auf das zu besinnen, was uns die Natur gibt, gegeben hat. Ein Weg, sich auf das zu beschränken, was nötig ist.

Wie es früher war, heute ist, in Zukunft sein kann

Wir haben in unserem alpinen Raum unendlich viele Möglichkeiten, uns dem zu widmen, was ein Leben wirklich lebenswert macht. Der Genuss, das Leben als solches wahrzunehmen, sich den Gegebenheiten der Natur auf einer Alm anzupassen und Speisen, natürlich zubereitet, in einer unverfälschten Umgebung zu schmecken, dazu die passenden Getränke, wenn möglich vor Ort hergestellt oder zumindest aus der Region, genießen – das ist Leben pur, da sind wir dem Himmel sehr nah.

Wenn wir es dann noch schaffen, uns gemeinsam mit Menschen an einen Tisch zu setzen, miteinander zu plaudern, uns Zeit für uns selbst zu nehmen, sind wir schon ein gutes Stück dorthin gekommen, wo Wohlfühlen wieder beginnt. Mit der Sennerin an einem Tisch zu sitzen, den Einheimischen beim Diskurs zuzuhören kann die Stunden auf der Alm außerdem noch sehr bereichern.

In der Verantwortung stehen

Durch das Zusammenwirken von Landwirtschaft, Kultur, Tourismus und Gesellschaft hat sich das Leben im alpinen Raum als ein bemerkenswerter und unabdingbarer Wirtschaftsfaktor entwickelt. Der Mehrwert für den Tourismus im Alpenraum kann nur durch eine gedeihliche und fundierte Zusammenarbeit mit der Wirtschaft und der Landbewirtschaftung erhalten werden. Eine Bewirtschaftung der Alm- und Bergflächen wird aber nur möglich sein, solange sie rentabel ist. Es beginnt mitunter ganz banal beim Milchpreis, den die Produzenten erhalten. Wenn die Bergbauern und Sennerinnen davon nicht mehr leben können, wird es weniger Rinder geben und so manche Alm kann dann nicht mehr selbstverständlich bestückt werden. Deshalb gilt: Almbewirtschaftung muss seitens der Tourismusverantwortlichen ebenso unterstützt werden wie Skigebiete oder andere touristische Einrichtungen.

Die Gesellschaft ist wiederum angehalten, mit den bewirtschafteten Flächen pfleglich umzugehen.

Almen sind weder ein Platz für Hundekot noch für Abfälle, die man nicht mehr mit sich tragen möchte.

Dass es auf Almen nicht selbstverständlich zu jeder Jahreszeit alle Lebensmittel gibt, ist für den einen oder die andere nicht immer zu verstehen. Wir können auf der Alm aber den Rhythmus der Natur und ihren Wert kennen- und schätzen lernen, die uns das schenkt, was im Laufe des Jahres wächst und gedeiht.

- -

Almen kommt heute eine besondere Bedeutung zu; wichtig ist die Weiterbewirtschaftung durch den Auftrieb von Weidevieh – von Rindern, Pferden, Schafen, Ziegen, Schweinen und mitunter auch Hühnern. Jedes Tier hat dabei seine Aufgabe; die Vielfältigkeit auf Almen ist groß.

- -

Das Almleben

Die Almstätten dienten früher als Unterkunft für Sennerinnen und Hirten. Einfache Lagerstätten, ein Sack aus Heu oder Stroh, eine Feuerstelle zum Zubereiten von Speisen und ein Tisch mit Sitzgelegenheiten waren darin vorhanden. Kerzen und Petroleumlampen dienten als Beleuchtung. Wasser gab es in den Hütten nicht, vor der Hütte befand sich aber immer ein Brunnentrog, der mit frischem fließenden Wasser direkt aus der Quelle befüllt wurde. Auf vielen Almen gibt es auch heute noch diese Brunnen.

Almwirtschaft

Ein Almstall, ein sogenannter „Trempl", war bei den bewirtschafteten Almen vorhanden, um die Tiere mit Futter zu versorgen und die Kühe zu melken. Oberhalb des Trempls war das Heulager für das Almheu.

Unsere Vorfahren wussten sehr genau, wem sie Vieh anvertrauen durften, konnten und wollten. Fachkenntnisse wurden nicht in Kursen erlangt, sondern den Menschen aus den Landwirtschaften von klein an mitgegeben, denn alle mussten mithelfen. Vor allem waren es meist die weiblichen Mitbewohnerinnen auf den landwirtschaftlichen Betrieben, die entweder Almrechte oder Almbesitz hatten. Bei den Almrechten handelt es sich um sogenannte Servitute, das sind Auftriebsrechte, also dingliche Nutzungsrechte für eine bestimmte Zahl an Vieh.

Wer heute eine Almbewirtschaftung übernehmen möchte, aber keine landwirtschaftlichen Vorkenntnisse hat, kann in Seminaren Grundkenntnisse erwerben.

Harte Arbeit für das tägliche Brot

Leben auf einer Alm, dem Himmel nah, hieß früher harte Arbeit, um sich sein tägliches Brot zu verdienen. Jedes Jahr, bevor das Vieh auf die Alm aufgetrieben wurde, mussten so manche Verbesserungs- und Almerhaltungsarbeiten durchgeführt werden. Grundbesitzer, Servitutsberechtigte von Almen und am Hof lebende Männer verbrachten etliche Tage auf der Alm, um niedergerissene Zäune zu erneuern oder auszubessern, Steine zu Haufen zusammenzutragen, Baumschösslinge zu beseitigen und Holz für die Almhütte zu richten. Je nach Bewirtschaftung und Gesellschaftsform der Alm gab es und gibt es heute noch Regelungen für die Almbewirtschafter, sodass sich jeder mit seiner Arbeitsleistung einbringen konnte und musste.

Wenn die Almen ausreichend grüne Weideflächen zeigen, dann wird das Vieh auf die Almen aufgetrieben. Der Almauftrieb war und ist eine feierliche Angelegenheit. Hier ist jedoch zu bemerken, dass die Bauersleute auch heute noch das Weidevieh für die bevorstehende Almzeit vorbereiten. Die aufzutreibenden Rinder werden an das meist steilere Gelände gewöhnt, formen ihre Gruppen und die Rangordnungen in diesen. Dadurch werden viele Unsicherheiten vorausschauend vermieden und die Tiere fühlen sich in ihren Gruppen auf den Almen von Beginn an wohl.

Schon etliche Tage vor dem Almauftrieb wird das Vieh an die Weide rund um den eigenen Betrieb – die Fütterung mit Grünfutter – gewöhnt. Diese Art der Vorbereitung dient dazu, dass die Tiere, wenn sie auf die Weide kommen, nicht zu ungestüm und darauf vorbereitet sind, sich ihre Nahrung nun selbst zu suchen.

Die Versorgung der Sennersleute, meistens die Sennerin und der Hüterbua, mit den wichtigsten Nahrungsmitteln war den Bauersleuten früher sehr wichtig. Lebensmittel, die gut haltbar waren, wurden eingepackt. Dazu zählten Brot, Speck, Mehl, Schmalz, Grieß und Gewürze. In diesen „Sennerinnenkoffer" gehörten auch hauseigene Arzneimittel, die Käsetücher und der Schnaps.

Die Stellung der Sennerin war auf dem Bauernhof eine besondere. Am Hof daheim musste sie alle Arbeiten verrichten, die ihrer Stellung als Magd, als weiblicher Dienstbotin gerecht waren. Auf der Alm, da war sie dann die Hauptverantwortliche. Sie war für alle Arbeiten zuständig, musste mit der nötigen Umsicht dafür sorgen, dass alles erledigt wurde, wobei oft auch Arbeiten dabei waren, die daheim der Knecht erledigt hätte. Diese Stellung im Arbeitsleben war für die Frauen von großer Bedeutung.

Arbeitstag auf der Alm

Die Almauftriebszeit ist nach wie vor Anfang bis Mitte Juni. Der Weg wurde früher ausschließlich zu Fuß zurückgelegt. Der Transport der Waren erfolgte mit dem Pferdefuhrwerk. Der lange beschwerliche Fußweg ist heute durch den Transport mit den motorisierten Fahrwerken wesentlich leichter, es müssen manchmal nur noch kleine Wegstrecken wie früher bewältigt werden.

Die Arbeit der Sennerin/des Senners beginnt am frühen Morgen. Die Kühe müssen von der Weide geholt werden, werden gefüttert, dann gemolken, früher mit der Hand, heute stehen selbstverständlich technische Geräte wie Melkmaschine, meist angetrieben durch „almeigene Energieversorgung" – kleines Kraftwerk, Aggregat oder Solarenergie zur Verfügung. Nach dem Melken wurde

und wird die Milch zentrifugiert. Rahm und Magermilch werden dabei getrennt und in die dafür vorgesehenen Vorratsbehälter für die Weiterverarbeitung gesammelt.

Nach dem Melken wurden die Kühe wieder auf die Weide gebracht, der Almstall gesäubert. Der Mist kam auf den Misthaufen, das Futter wurde in die Tröge verteilt und der Stall gründlich mit dem Stallbesen gekehrt. Schließlich gab der Stall ein Bild wieder, wie die Sennerin arbeitete.

Erst nach dieser wichtigen morgendlichen Tätigkeit war es erlaubt, sich mit einem deftigen Frühstück zu stärken. Nach dem Frühstück wurde die Milch weiterverarbeitet, gekäst und Butter gerührt. Oft war neben der Almhütte auch ein kleiner Garten angelegt, in dem die Sennerin vor allem Kräuter, aber auch Salat angesetzt hatte. Diese Produkte dienten hauptsächlich dem Eigenbedarf. Die Bewirtung von Almwanderern erfolgte nebenbei; es gab weder eine Karte noch besondere Speisen für diese. Ein Schnapserl wurde den Besuchern aber doch gerne gereicht.

Milch zum Trinken für die Almbesucher war nicht vorgesehen, sie wurde vor allem für die Herstellung der köstlichen Almprodukte – Butter und Käse – verwendet. Die Buttermilch wurde ebenso wie die Molke weiterverarbeitet oder an die Schweine, die auch auf der Alm gehalten wurden, verfüttert. Die fertigen Produkte wurden regelmäßig an den Heimathof abgeliefert, wo sie dann bis zum Verbrauch lagerten oder weiterverarbeitet wurden.

Neben der Arbeit in der Viehwirtschaft war die Vorratshaltung eine wichtige Aufgabe im Arbeitsleben der Almleute. Das Sammeln von Beeren, Kräutern und Pilzen gehörte zum täglichen Leben. Die Ernteprodukte wurden sofort verarbeitet oder in große Gebinde gegeben und an den Heimathof weitergereicht.

Die Abende der arbeitsreichen Tage durfte sich die Sennerin selbst gestalten, die ruhigen Stunden genießen.

Almen aus früheren Zeiten

Almen heute

Mittlerweile sind viele Almhütten touristisch ausgerichtet. Immer mehr Menschen wünschen sich einen Urlaub auf der Alm, in Hütten, so wie sie früher den Sennerinnen und Hüterbuam dienten. Das Verlangen nach Einfachheit, Natürlichkeit und Geborgenheit in der Natur wird in unserer hoch technisierten Welt immer größer.

Almleben, dem Himmel sehr nah, kann für so manchen eine große Bereicherung und auch Umstellung des eigenen Lebens bedeuten. Sich auf das Alleinsein einzustellen und einzulassen, sich auf die Ruhe in der Natur zu besinnen und auf die Technik, die unser Leben so vielfach beherrscht, zu verzichten, ist nicht immer einfach. Termine, Telefonate, all das ist auf einer Alm weit weg, und das macht den Blick frei auf alles, was rund um uns in der Natur, dem Himmel so nah, lebt. Es dauert gar nicht lange, dann ist alle Technik vergessen, denn sie passt ohnehin nicht zum Leben in der Natur.

Auf einer Alm kann sich jeder den Tagesablauf so gestalten, wie es früher einmal war, und mit dem, was vorhanden ist. So gibt es ein wenig Auszeit vom Alltag, das Leben wird bestimmt von den Tageszeiten und der Natur. Viele Almtouristen üben sich in einem solchen Urlaub in Selbstversorgung. Sie sammeln die Früchte des Waldes, verwenden die Produkte der Almen und bereiten daraus gute und einfache Gerichte zu. So manch ein Gast entdeckt, dass es nicht viel braucht, um sich zu versorgen, um glücklich zu sein. Viele, die einen Almurlaub verbringen, können nach einiger Zeit dem hektischen Alltag wesentlich ruhiger begegnen.

Das Einfache, die Enthaltsamkeit und Entschleunigung und manchmal auch die Abgeschiedenheit wird in vielen touristischen Werbeanzeigen als idyllisches Paradies suggeriert. Leben auf der Alm bedeutet jedoch vielmehr, sich mit der Natur auseinanderzusetzen und nach ihren Gesetzen zu leben. Hiermit verbunden ist aber noch heute harte körperliche Arbeit für die Almbewohner.

Kommerz oder einfaches Almleben?

Heute sind sämtliche Almen erschlossen und mit Fahrzeugen aller Art zu erreichen. Aber nicht nur die Motorisierung bringt unser Leben immer mehr in Bewegung. In verschiedenen Regionen treibt der Almtourismus ganz besondere Blüten: Touristen bekommen sogenannte Packages, in denen zum Beispiel Almbesuche, Almmatura, also eine Art Almabitur, und Ähnliches enthalten sind. In

Windeseile wird dann von Station zu Station gehetzt, um möglichst viel mitzubekommen und in kurzer Zeit möglichst viel zu erleben. Es bleibt eigentlich keine Zeit, das Ganze auf sich einwirken zu lassen. Aber das kann ja nach den Rundwanderungen und -fahrten erfolgen, wenn die zahlreichen Fotos und Videos zum Revuepassieren auf dem Handy bewundert werden.

Die Vielfalt an Speisen, die heutzutage auf den Almen angeboten wird, wird bei kommerziell bewirtschafteten Almhütten immer größer, genauso wie die Terrassenfläche, um noch mehr Bänke und Tische unterzubringen. Nur allzu oft gibt es vorgefertigte Gerichte, die einfach zu ordern und vor allem ganz leicht zuzubereiten sind. Riesengarnelen aus der Ferne, Kaiserschmarren aus der Tüte, verfeinert mit Hochgebirgswasser – solche Gerichte sollten auf einer Alm nicht angeboten werden. Alles ist aber eine Frage der Einstellung, und auch da gilt wieder: Wie sehr wollen sich die Menschen wirklich auf die „Einfachheit" und

das eigene „Zurücknehmen" einlassen? Und was steht für die Almbesitzer im Vordergrund? Die Alm zu bewirtschaften, gute Produkte zu erzeugen und auch ausschließlich nur das Selbsterzeugte den Gäste zu servieren oder aber viele Gäste schnell abzufertigen und damit womöglich auch noch viele Nahrungsmittel zuzukaufen?

Qualität und gesetzliche Bestimmungen

Die Technik hat für das Leben im alpinen Raum so manche Erleichterung gebracht und auch die Bewirtschaftung der Almen wesentlich verbessert. Was die Technik an Vorteil bringt, kann durch gesetzliche Bestimmungen wie extreme Verschärfungen der Lebensmittelhygieneverordnung in manchen Bereichen nicht nur wirtschaftliche Nachteile durch hohe Investitionen bringen, sondern auch die Produktqualität erheblich verschlechtern. Und letztendlich sind die Almprodukte dann nicht mehr das, was man aus der Tradition heraus erhalten möchte. Viele Menschen leiden heute an Unverträglichkeiten, vielleicht sogar hervorgerufen durch die zu hohen hygienischen Standards, die alle lebensmittelverarbeitenden Betriebe einhalten müssen. Denken wir nur an die Rohmilch mit ihrem unvergleichlich aromatischen Geschmack. Wir durften als Kinder frische Rohmilch trinken und träumen

noch immer von dem unbeschreiblichen Genuss. Glücklicherweise können wir – Eva M. Lipp und Eva Schiefer – auch heute noch frische Milch direkt vom Bauern trinken. Wer hat heutzutage schon diese Möglichkeit? Oder die frische Buttermilch, direkt aus dem Kübel, von der Sennerin hergestellt? Man konnte die letzten feinen Butterflöckchen zart auf der Zunge zergehen lassen, die Lust auf ein Stück Brot mit Butter stellte sich sofort ein.

Heute ist es aufgrund der vielen Auflagen vor allem im Hygienebereich oft nicht mehr möglich, den Wanderern, die auf den Almen das Unverfälschte, das Natürliche genießen wollen, traditionelle Produkte zu servieren. Durch die vorschriftsmäßige zusätzliche Bearbeitung verlieren die Produkte deutlich an dem ganz typischen Aroma, der Geschmack vieler Speisen wird vereinheitlicht, alles ist vergleichbar und schmeckt ähnlich. Außerdem beeinträchtigen die zusätzlichen hygienebedingten Bearbeitungsschritte die Einmaligkeit der Produkte. Ein Produkt, das keiner thermischen

Behandlung ausgesetzt wurde, schmeckt in jeder Charge anders und bietet dadurch auch vielfältige Geschmackserlebnisse.

Einzigartig ist die Freude am Genießen von all den unverfälscht und ohne Vorbehandlung selbst hergestellten Produkten. Dies wird nur möglich sein, wenn die Almgeher, Touristen und Einheimische das Leben auf der Alm, einschließlich des leiblichen Genusses, immer wieder annehmen.

Düfte und Geräusche

Unsere Heimat ist mit vielen schönen „Flecken Erde" gesegnet. Auf Almen gibt es größtenteils keinen Massentourismus. Mit dem Schritt in Richtung Alm und Berggipfel sind Sie immer auf dem richtigen Weg.

Der heutige Trend hin zu Einfachheit und Regionalität gibt dem Almleben recht. Immer mehr Menschen wollen sich wieder Tage der Ruhe gönnen, und auf einer Alm kommen sie der Natur näher und dem, was sie uns für unser Leben schenkt:

- den Bergkräutern und unterschiedlichsten Gräsern mit ihrem unvergleichlichen Duft,
- der bunten Vielfalt auf den Wiesen und in den Wäldern,
- den frischen Waldfrüchten; sie zu pflücken und zu naschen, das sind besondere Momente.

Das Zwitschern der Vögel, das Summen der Bienen, das Glockengeläut der Rinder oder das Plätschern am Wasserbrunnen – diese beruhigenden Geräusche sind in der Stille der Alm besonders intensiv.

Ab und zu ein paar neugierige Tiere, die uns beäugen, weil wir ihre Wege kreuzen. Wir brauchen hier keine künstliche Geräuschkulisse; die Natur, der Himmel, in der Nacht der Sternenhimmel sind für uns in diesen Stunden greifbar und spürbar.

Auch ein Gewitter auf einer Alm kann ein besonderes Erlebnis werden. Und da muss jedem Almgeher und jeder Almgeherin ganz klar sein, dass man sich rechtzeitig in Schutz bringen sollte. In einer solchen Situation empfindet man aber plötzlich auch sehr intensiv, wie nah man dem Himmel auf einmal sein kann.

Begegnungen

Besonders wertvoll wird das Zusammensein mit Menschen, die uns auf unseren Wanderungen begleiten oder begegnen. Man ist sich auf den Almen niemals fremd. Es ist wunderbar, mit Wanderern Gedanken auszutauschen. Dieses Miteinander ist auf den kleinen, oft abgeschiedenen Almen erlebbar wie sonst nirgends. Man spürt förmlich, wie der Alltag zurückbleibt und das Schöne, das uns unsere Erde bietet, vor uns liegt. Man braucht nur die Augen, die Ohren, die Nase und den Mund zu sensibilisieren und bewusst zu erleben, mit allen Sinnen.

Was gibt es Schöneres als die Herzlichkeit, die uns auf einer Alm empfängt? Ein freundlicher Gruß: „Servus, griaß di", oder Fragen und Aussagen wie: „Wie geht's dir? Schön, dich wiederzusehen!", „Hast es gschafft?", „Setz di nieda", sind nur einige wohltuende Begrüßungsworte der Sennerin und ihrer Almmitarbeiter.

Das herzliche Angenommenwerden der eigenen Person sind gerade in der heutigen Zeit Eigenschaften, die im normalen Leben oftmals fehlen und umso mehr überraschen, wenn einem diese ehrliche und freundliche Begrüßung zuteil wird. Auf Almen, dem Himmel nah, wird vielfach den Wanderern als Menschen die Achtung zuteil, die sie anderswo kaum erfahren. Die Menschen wissen das zu schätzen und fühlen sich sofort wohl.

Viele Almbewirtschafter sind sich oft gar nicht bewusst, welch wertvollen Dienst sie mit dieser Selbstverständlichkeit leisten. Sie geben jedem ihrer Gäste das Gefühl: Hier bist du Mensch, hier kannst du loslassen, hier bist du nach deiner Wanderung willkommen. Von wo auch immer du herkommst. Ganz gleich, ob als einfacher Mensch oder als Mensch mit gesellschaftlicher Wichtigkeit. Auf der Alm sind alle gleich, und das tut gut.

Einfach wieder einmal Mensch zu sein, das ist ein wunderbares Gefühl.

Leben lernen

Wir müssen nur wieder unsere Sinne nutzen und die Augen öffnen für all das Schöne um uns herum. Dem Weg des Lebens vertrauen und vielleicht auf so manches verzichten, was letzten Endes leichter fällt, als man denkt.

Ein gemütliches Miteinander auf einer Almhütte, auch wenn es vielleicht einmal etwas eng ist, dazu einige Köstlichkeiten, von den Almleuten hergestellt aus den besten Rohprodukten ohne Zusätze, sehr bewusst genießen, das macht Leben aus. Am späteren Abend ohne Stress gibt man sich in einem Heulager oder Strohbett der Almruhe hin, mit ein wenig Gebimmel der Kuhglocken zum Einschlafen. Der Himmel ist über einem dann ganz nah, so nah vielleicht, dass man immer dortbleiben möchte.

Die Almen, der alpine Raum, versprechen und bieten nach wie vor eine Lebensqualität, die sich auf unser Wohlbefinden und Wohlergehen positiv und angenehm auswirkt. Es gilt, die Traditionen zu erhalten und das Wissen darüber weiterzugeben.

Ein Blick in die Zukunft

Almen sind für die Landschaftspflege und das Bewahren einer nachhaltigen Landbewirtschaftung von großer Bedeutung und herausragendem Wert. Das kann gar nicht genug betont werden. Die wunderschönen unberührten Naturlandschaften sollen uns auch weiterhin als Erholungsraum zur Verfügung stehen. Achten Sie als Almgeher darauf und begegnen Sie der Natur respektvoll.

Es gilt, den alpinen Raum nicht nur als schönes Idyll zu vermarkten, sondern den Almen den Stellenwert zu geben, den sie auch früher hatten. Ein Platz für die Bewirtschaftung des ländlichen Raumes, in dem Landwirtschaft und Almwirtschaft betrieben werden können, ohne jemanden zu belästigen oder zu schädigen. Jedermann findet in diesen alpinen Regionen sein Platzerl, um sich zu erholen. Jeder entscheidet selbst, ob es ein Besuch bei einer Sennerin auf einer Almhütte sein soll, die noch wie früher traditionelle Speisen und Getränke anbietet, oder ein Urlaub auf einer Hütte, wo die Zeit stehen geblieben ist.

Wir haben es in unserer Hand, wir können durch Almwanderungen und Urlaube auf Almen mithelfen, diese Regionen in unserer Heimat weiterleben zu lassen.

Freuen wir uns auf ein Wiedersehen, ein Miteinander, ein paar unterhaltsame Stunden, Tage auf unseren Almen.

Genießen und erleben wir die Welt, wie sie geschaffen wurde, dem Himmel so nah!

Wachlinger-
hütte

auf der Gumpenalm in der Steiermark

Öffnungszeiten der Wachlingerhütte:
15. Juni bis 8. September bzw. zum Schulbeginn in der
Steiermark; Sa.–Di. geöffnet

Monika Zefferer
Alm-Tel.: +43 (0)664 9400770
monika.zefferer@aon.at
(im Sommer hat sie aber nur selten Zeit zum Antworten)

Die Sennerin Monika Zefferer

In der Steiermark unterwegs, dem Ennstal folgend, biegt man mit dem Auto ab nach Stein an der Enns. Dort geht es Richtung Sölkpass bis zum Wegweiser und von dort nach links in Richtung Gumpenalm. Nach kurzer Zeit ist der Parkplatz erreicht und nun geht es gemächlich dem Wanderweg entlang in circa eineinhalb Stunden fußwärts auf die Wachlingerhütte, wo Monika Zefferer ihre Gäste begrüßt und auch gleich erkennt, wie es ihren „Einkehrern" nach der Wanderung geht. Das ist beeindruckend, denn hier stehen der Mensch mit seinem Wohlergehen und das Almleben im Einklang mit der Natur im Vordergrund. Kommerz hat auf der Gumpenalm und bei Monika Zefferer keinen Platz.

Die Gumpenalm (1442 bis 1670 Meter Seehöhe) – eine Agrargemeinschaft aus neun Eigentümern – befindet sich im Naturpark Sölktäler in der nordwestlichen Steiermark. Die Almhütten, auf die man bei den Wanderungen trifft, sind im Besitz der einzelnen Agrargemeinschaftsmitglieder. Die Gesamtfläche der Alm beträgt rund 270 Hektar und davon sind etwa 70 Hektar Weidefläche. Die Almweideflächen reichen von 1350 bis 1900 Meter Seehöhe.

Die Wachlingerhütte von Martin und Monika Zefferer wurde im Jahr 1713 erbaut und ist die älteste bewirtschaftete Almhütte auf der Gumpenalm. Der Keller und der Reiferaum für Käse sowie das Fundament der Hütte bestehen aus Sölker Marmor, die Hütte selbst ist in Holzblockbauweise errichtet. Die Alm wird seit über 60 Jahren durchgehend bewirtschaftet. Die Energieversorgung der Hütte und des Stalls, der als „Trempl" bezeichnet wird, erfolgt durch das betriebseigene Kleinkraftwerk, die Wasserversorgung ist durch eine eigene Quelle gegeben. In den letzten Jahren musste immer wieder neu investiert werden, um den gesetzlichen Auflagen Folge zu leisten, die das Bewirtschaften der kleinen, feinen Alm finanziell sehr erschwert haben. So erfolgte neben anderen baulichen Notwendigkeiten der Ausbau der Almküche und der Umbau der Käserei. Bei all den baulichen Auflagen den Almcharakter zu erhalten, den Almwanderer und Einkehrer so lieben und genießen möchten, ist gar nicht einfach.

Herr, in diesem Fall die eigene Herrin. Ich brauche niemanden zu fragen, was ich zu tun habe. Man kann den Tag selbst einteilen. Es gibt bestimmte Arbeiten, die zu erledigen sind, aber es gibt keine Tagesmuster wie im Heimbetrieb."

Besonders erfreulich ist das intensive Familienleben, weil man zusammenarbeitet und jeder seine Aufgaben hat. Der angehende Hofübernehmer Leonhard beschäftigt sich mit den Tieren, Tochter Marlies betreut lieber die Almbesucher. Es ist ein so schönes Miteinander. Da kommt wieder das Gefühl auf, dass man dem Himmel so nah ist.

Almleben als wohltuende Auszeit

„Alles, was auf der Welt passiert, ist so weit weg. Man ist ruhig – richtet sich nach den Tieren, dem Wetter, der Tageszeit, den Gästen", erklärt die Sennerin Monika Zefferer von der Wachlingerhütte, die ihre Ruhe und Freude aus vielen positiven Erfahrungen schöpft: „Mit den Tieren ist man der Natur, dem Himmel so nah und bekommt ein Gefühl dafür, ob es dem Tier gut geht. Jedes einzelne von ihnen hat seinen eigenen Charakter. Auf der Alm ist man aber nicht nur mit Tieren beschäftigt, man lernt den Duft der Natur kennen und lieben. Einmal duftet es nach Wald, dann wieder nach Moos, nach Flechten, nach Schwammerln, nach Schwarzbeeren und anderen Pflanzen und Früchten, die auf der Alm wachsen und gedeihen. Die Düfte verändern sich in Abhängigkeit von der Erntezeit, sie richten sich nach dem Wetter und der Luftfeuchtigkeit. Auf der Alm bin ich mein eigener

schweren Schicksalsschlägen findet man auf der Gumpenalm Zeit, um neu Kraft zu schöpfen. Viele Menschen sind auf der Suche nach sich selbst, können aber nach einer Auszeit auf der Alm nach den Sommermonaten wieder positiv in die Zukunft schauen und sind in ihrer Persönlichkeit gestärkt. Viele Gäste kommen später immer wieder auf Besuch zu Monika Zefferer, die es als Geschenk des Himmels sieht, dass Menschen bei ihr zur Ruhe kommen, neue Hoffnung schöpfen und es ihnen dann gut geht.

Doch was verändert Menschen während einer Alm-Auszeit? Ist es die Einfachheit des Lebens, das Erkennen der wesentlichen Dinge im Leben? Ein Ausstieg aus dem Wohlstand? Das Spüren der Natur und der Umgang mit den Tieren, denen menschliche Verhaltensweisen wie Lug und Trug fremd sind? Monika Zefferer und ihre Ruhe und Besonnenheit? Das Abwenden von Stress und Hektik und das Zeithaben zum Schweigen, aber auch zum Reden? Oder ist es womöglich auch der Herrgott, der doch ein wenig mithilft? Die größte

Ein Ort der Stille und des Glaubens

Vor allem Frauen suchen immer wieder eine Möglichkeit, ihr Leben neu zu überdenken. Sie möchten das Almleben kennenlernen, vor allem auch, weil sie eine Zeit der Ruhe brauchen, die sie bei Monika Zefferer auf der Wachlingerhütte finden. Es ist in der ganzen Region bekannt, dass hier Menschen mit ihren Sorgen und Gedanken Gehör finden, aufgenommen und angenommen werden. Auch bei

Herausforderung ist wohl, sich in einer solchen Zeit mit sich selbst auseinanderzusetzen.

Christliche Rituale

Ohne Glauben, davon sind die Almbewohner allesamt überzeugt, ist ein Leben leer und mitunter hoffnungslos. Verschiedene christliche Rituale sind deshalb besonders auf Almen fester Bestandteil im Jahreslauf. Sie stammen zum Teil aus vorchristlicher Zeit, wurden im Christentum übernommen und werden noch heute vor allem in ländlichen Gebieten praktiziert. Bevor die Tiere in ihr Sommerquartier umziehen, werden Hütte und Stall ausgeräuchert. Man versucht damit, Krankheiten und Unglück jeglicher Art abzuwenden. Kräuter wie Farn, Hartriegel, Salbei, Holunder oder Johanniskraut werden in Büschel zusammengebunden und symbolisch an die Stalltür genagelt. Zur Sommersonnenwende werden hier auch die Sonnwendbüscherl gebunden, die ebenso die Almhütte und den Stall schützen sollen.

Sonnwendbüscherl

Zur Sommersonnenwende am 21. Juni ist es vielerorts üblich, die sogenannten Sonnwendbüscherl zu binden. Sie werden an Haus- und Stalltüren, auch an Almhütten, angebracht, um Haus und Hof vor Unwetter und Krankheiten zu schützen. Die Büscherl aus dem Vorjahr werden nicht etwa weggeworfen, sondern im Feuer – meist im Sonnwendfeuer – verbrannt. Das Sonnwendbüscherl besteht klassischerweise aus 14 verschiedenen Pflanzen und Blättern, in Anlehnung an die christlichen 14 Nothelfer. Johanniskraut, Birkenlaub, Rotklee, Margerite, Ehrenpreis, Weißklee, der als Himmelmutterpatscherl bekannte Hornklee, Zittergras, Wollgras, Mantelkraut, Frauenmantel, Glockenblumen, Wegwarte und Schafgarbe sollten dabei sein. Jede Pflanze im Büscherl hat eine eigene Bedeutung für den Schutz. Am besten werden die Pflanzen und Blätter morgens nach dem Abtrocknen des Taus oder abends vor Sonnenuntergang gesammelt, wenn sie die meisten Kräfte besitzen. Die Sonnwendbüscherl müssen vor dem Abendläuten um 18 Uhr an den Türen angebracht sein. Der Überlieferung nach geht um diese Zeit die Gottesmutter Maria durch das Tal und segnet die Häuser mit den Sonnwendbüscherln.

Vom Ernten und Dankbarsein

Zu jeder Alm gehört auch eine Almwiese, die immer bei der Almhütte liegt. Sie liefert Futter für das Vieh, wird einmal im Jahr gemäht und das Gras wird geheut. Es wird zum einen gebraucht, wenn einmal frühzeitig Schnee einfällt und Tiere noch auf der Alm sind, und zum anderen, wenn Rinder unter Durchfallerkrankungen leiden, denn dagegen hilft das Almheu sehr gut. Es bleibt auf der Alm und wird im Trempl gelagert. Der wunderbare Duft gleicht einem Duftkissen!

Spannend ist es, alljährlich zu beobachten, dass die Tiere genau wissen, wann die Zeit des Almabtriebs gekommen ist. Meist ist es um den Tag zu Maria Geburt am 8. September. Zwei Tage vor dem Abtrieb kommen sie auf die Almwiese, die sie abgrasen dürfen; das ist für die Rinder wie ein Festmahl. In diesen Tagen kontrollieren die Tiere immer wieder, ob der Zaun schon offen ist und die Heimreise angetreten werden kann. Wenn sie den Almschmuck angelegt bekommen – das nennt man auf der Alm das Aufkranzen –, dann gehen sie ganz ruhig und erhobenen Hauptes, fast schon andächtig, aus der Stalltür Richtung Heimathof. Nun ist auch der Tag gekommen, an dem Monika Zefferer und ihre Familie dankbar zum Himmel sehen, in der Gewissheit, dass die wunderbare Zeit, die sie auf der Alm verbracht haben, ein Geschenk Gottes ist, der sie auch in diesem Almsommer wieder vor mancherlei Schaden bewahrt hat. In diesen Momenten sind die Sennerin und ihre Lieben dem Himmel ganz besonders nah – auch dann, wenn er wolkenverhangen ist, wie so oft in diesen Tagen. Die Tage nach dem Abtrieb werden zum Einwintern des Stalls und der Hütte genutzt. Zäune werden abgebaut und Wasserleitungen entleert, damit

im Winter nichts einfrieren kann. Tische und Bänke werden weggeräumt und die Blumen zum Überwintern mit nach Hause genommen. Dann wird für viele Monate zugesperrt, doch es ist alles schon vorbereitet für den nächsten Almsommer, der Mitte Juni beginnt. Neben der Wehmut, die in solchen Momenten immer aufkommt, entwickelt sich aber zugleich auch die Vorfreude auf den kommenden Almsommer.

Zum Almabtrieb wird in dieser Alpenregion Schmalzgebackenes, die klassischen Fetlkrapfen, zubereitet, die bei feierlichen Almabtrieben an die Besucherinnen und Helferinnen verteilt werden. Das Wort „Fetl" leitet sich von der Bezeichnung Fetlfuhre her. Fetl ist das Hab und Gut der Sennerin, das wieder mit ins Tal genommen wird. Alles „Süße", wie Rosinen, Nüsse oder auch Lebkuchen, die während des Almsommers nicht verbraucht wurden, kamen früher in die Krapfen, die somit eine Art Resteverwertung waren.

Fetlkrapfen

Rezept für 30 Krapfen

Zutaten

70 g Germ/Hefe
0,5 l lauwarme Milch
120 g Zucker
1 kg Mehl
1 TL Salz
12 Eidotter/Eigelb
3 EL Rum
220 g zerlassene Butter
12 Weinbeißer/mit einer weißen
Glasur überzogene Lebkuchen
1 kg Schmalz zum Ausbacken
1 Ei

Zubereitung

1. Germ/Hefe in ein hohes Gefäß bröckeln, 1 bis 2 EL Milch und 1 TL Zucker dazugeben und alles gut vermischen, bis die Hefe sich aufgelöst hat. Dieser Vorteig nennt sich Dampfl.

2. Das Mehl salzen, das Dampfl, die restliche Milch, Zucker, Dotter, Rum und die Butter dazumengen, alles sehr gut verkneten und abschlagen. 1 Stunde an einem warmen Platz zugedeckt gehen lassen.

3. Mit zwei Löffeln kleine Kugerln vom Teig abstechen, in den Händen formen, einen Weinbeißer daraufgeben und mit Teig umhüllen. Nochmals gut gehen lassen.

4. Das Schmalz zum Sieden bringen und die Kugerln in mäßig heißem Fett goldgelb ausbacken. Auf die noch warmen Krapfen kommt die sogenannte Ei-Krause.
Dazu ein Ei (küchenwarm) in ein Häferl/Schälchen geben, etwas Wasser dazugießen, mit dem Schneebesen leicht zerschlagen und ins heiße Fett einfließen lassen, sodass dünne Fäden entstehen. Herausnehmen und schnell auf den fertigen Krapfen verteilen.

Der Almtag einer Sennerin

So schön und wohltuend Monika Zefferer das Almleben empfindet, so arbeitsreich ist es aber auch. Die Arbeit startet in den längsten Tagen des Jahres und endet dann, wenn Tag und Nacht beinahe gleich lang sind. Sobald es hell wird – im Juni um 4 Uhr bis hin zum September um 6 Uhr-, heißt es aufstehen. Im Morgengrauen wird zuerst der Küchenherd eingeheizt, der es schön warm macht. Das Knistern des Feuers ist heimelig und tut gut. Anschließend werden die Kühe von der Weide geholt und es geht an die Melkarbeit. Danach dürfen die Tiere gleich wieder zurück auf die Weide, der Stall wird ausgemistet und das Melkgeschirr sorgfältigst gereinigt.

Nun wird die frische Almmilch verarbeitet, indem sie zentrifugiert und zur Käsevorbereitung gesäuert wird. Damit das Feuer nicht ausgeht, wird nachgeheizt und erst dann ausgiebig und gemütlich gefrühstückt. Da hat man nach getaner Arbeit auch schon einen richtigen Hunger, und wann man wieder zum Essen kommt, das ist nicht gewiss.

Als nächster Arbeitsschritt wird in der Käserei die Butter gerührt und dann geformt. Es ist viel zu tun. Käse fertig machen, abseihen, würzen, pressen, im Reifkeller alle Käse umdrehen und kontrollieren. Bevor die ersten Wanderer kommen, wird die Hütte geputzt und die Terrasse für die Wanderer vorbereitet. Die Verarbeitungsräume müssen nun noch sauber gemacht werden, ehe sich Monika Zefferer von der Wachlingerhütte im Sölktal umzieht, den ersten Krapfenteig zubereitet und mit dem Backen beginnt. Sie bietet aus Überzeugung auf ihrer Alm nur traditionelle Speisen an, alles andere – von Pommes frites bis Chips – hat bei ihr keinen Platz. Das schätzen die Almgeher und Wanderer sehr, die das ursprüngliche

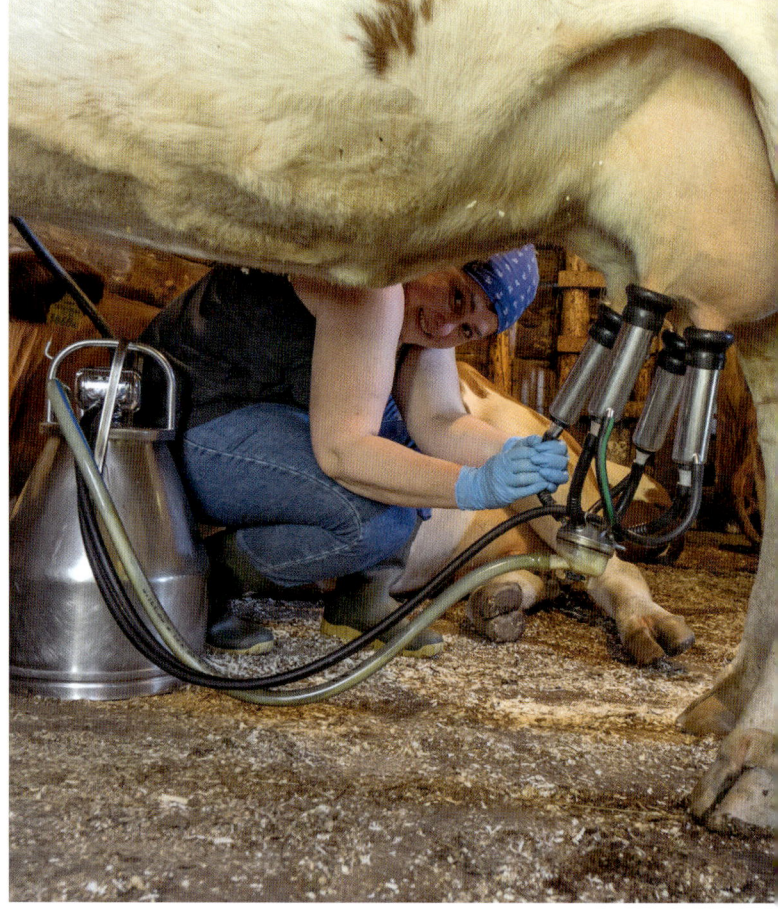

und traditionelle Almleben genießen wollen. Um 4 Uhr am Nachmittag wird die Küche aufgeräumt, Arbeitskleidung gewechselt und es geht wieder zur Stallarbeit. Am Ende eines Almtages richtet Monika Zefferer noch das Holz für den nächsten Tag und lässt den Tag im Stillen und Dunkeln ausklingen. Sie schaut abends dankbar auf den Tag zurück und das, was er gebracht hat. Nicht jeder Tag ist gleich, „Wetterkapriolen" können das Leben erschweren oder die Krankheit eines Tiers Sorgen bereiten. Ein Entrinnen gibt es nicht während der Zeit auf der Alm. Es ist spürbar, wie nah man dem Himmel ist.

Das Almleben und die Wirtschaftlichkeit

Die Arbeit und das Leben auf einer Alm wie der Wachlingerhütte – dem Himmel so nah – ist für den Betrieb der Familie Zefferer ein sehr wichtiges „Standbein", nicht nur betriebswirtschaftlich, sondern auch im Hinblick auf die Tiergesundheit. Eine artgerechte Haltung im Freien, wo sich die Tiere bewegen können, wirkt sich positiv auf ihre Gesundheit aus. Sie fühlen sich auf den Bergwiesen der Almen sehr wohl und sammeln in dieser Zeit Abwehrkräfte für den Winter. Das Immunsystem wird enorm gestärkt, und auch die Fruchtbarkeit der Kühe ist bei artgerechter Haltung besser. Neben der Bewegung tragen auch die vielen guten Almkräuter ihren Teil zur Gesunderhaltung des Viehs bei. Die Tiere nehmen trotz der vielen Bewegung an Gewicht zu, denn das frische Gras und die verschiedenen Almpflanzen regen ihren Appetit an. Almrinder und -kühe sind glücklich, davon ist nicht nur Monika Zefferer überzeugt, weil sie in der Natur artgerecht leben dürfen.

Die Rinder auf der Wachlingerhütte sind im Gegensatz zu vielen ihrer Artgenossen nicht enthornt. Die Hörner sind für die Tiere wichtig, um die Rangordnung innerhalb der Herde auszukämpfen, sie dienen zu ihrem Schutz und bei Rangkämpfen sind Verletzungen bei Tieren ohne Hörner nicht weniger gefährlich. Auf der Wachlingerhütte ist Platz für sieben Milchkühe, einige Kalbinnen für die Nachzucht und die Kälber, die auf der Alm zur Welt kommen. Das Weideland der Rinder ist etwa 100 Hektar groß, und somit gibt es ausreichend Platz und räumliche Abwechslung für die Tiere. Einige Ziegen dürfen mit zur „Sommerfrische" auf die Alm, sie sind natürliche Rasenmäher und pflegen durch ihren „Verbiss" die Weide. Im Winter sind die kleinen Ziegen im Kuhstall am Hof daheim, wo sie durch ihre Anwesenheit das Auftreten verschiedener Rinderkrankheiten verhindern.

So schließt sich der Kreislauf der Natur, denn jedes Tier hat seinen Platz und seinen Wert. Die Tiere bleiben gesünder, sind leistungsstärker bei einer artgerechten Haltung, und das wirkt sich auch auf die Wirtschaftlichkeit des Gesamtbetriebs aus. Würde die Alm nicht mehr bewirtschaftet, würde etwa ein Drittel des Betriebseinkommens fehlen. Davon abgesehen könnten die Tiere nicht so natürlich und freizügig gehalten werden. Aber es geht nicht nur um die Wirtschaftlichkeit, sondern auch um die Erhaltung der wunderbaren Almlandschaft, die vor allem durch die Beweidung des Viehs gegeben ist. Ohne das Vieh würde es zu einer starken Verwaldung kommen. Nicht zuletzt zählt für die Sennerin Monika Zefferer und ihre Familie auch die Freude am Almleben und die Freude daran, so viele gute Lebensmittel herzustellen. Das zufriedene Lächeln und die Dankbarkeit ihrer Gäste ist der größte Lohn dabei. Die Besucher mögen die Sennerin Monika Zefferer und haben große Hochachtung vor ihrer Arbeit. Sie schätzen ihre bodenständigen Jausenangebote und dass sie sich Zeit nimmt zum Zuhören. Die angenehme Unterhaltung, die man auf ihrer Alm immer führen kann, nennt man hier auch „trefeln". Das Lob und die Freude ihrer Gäste sind für Monika unbezahlbar. Viel schöner ist, wenn alle dem Himmel so nah sind.

Die Kühe fressen hin und wieder instinktiv auch giftige Pflanzen, die sie zum Entgiften benötigen. Das ist wie in der Homöopathie, wo Gleiches mit Gleichem bekämpft wird. Tiere kennen keine Homöopathie, aber sie wissen, was ihnen guttut. Wir Menschen haben sehr viele ursprüngliche Instinkte schon längst abgelegt.

Der Ennstaler Steirerkäse

Auf den Almen wird der typische Ennstaler Steirerkäse erzeugt. Neben der gut schmeckenden „Almbutter" ist dieser deftige Käse besonders beliebt. Die Käsespezialität wird auf Butterbrot gegessen, in den typischen Ennstaler Steirerkrapfen eingewickelt oder auf angeröstete Nockerln gestreut, die mit Krautsalat serviert werden und als „Kasnockerln" – eine besondere Ennstaler Spezialität – auf keiner Speisekarte fehlen sollten.

Wie der Steirerkäse entsteht

1. Vollmilch wird entrahmt und die verbleibende Magermilch stehen gelassen, bis sie „dicksauer" wird. Diese Sauermilch wird kurz erwärmt, das nennt man auf der Alm aufgebäht, bis der Topfen/Quark aufsteigt und sich von der Molke trennt.

2. Nun wird die Molke abgezogen und der Topfen nochmals aufgekocht. Eine sogenannte „Käsewiege", ein Holzbottich, wird mit Käseleinen ausgelegt, der heiße Topfen hineingeschüttet und mit kaltem Wasser abgeschreckt, bis er nur noch handwarm ist. Dann wird er mithilfe des Leintuchs gut ausgedrückt, mit Salz und Pfeffer verbröselt und in einen kleinen Kübel mit Löchern am Boden gepresst.

3. Damit die Flüssigkeit aus dem Topfen gepresst wird, beschwert die Sennerin das Ganze noch und lässt den Kübel über Nacht stehen. Am nächsten Tag wird der sogenannte Kasstock herausgestürzt und warmgestellt, bis er Sprünge zeigt.

4. Danach kommt er in den Reifekeller und wird täglich gewendet, bis er nach etwa vier bis sechs Wochen schön reif ist und eine graubraune Farbe bekommt. Der Geschmack ist deftig-würzig.

3

4

5

6

11

12

13

Roggene Krapfen

für 4 Personen

Zutaten

1 kg Roggenmehl
3 TL Salz
0,75 l Milch (vom Vortag)
1 kg Schweinefett zum Ausbacken

- -

Ganz frische Milch macht den Teig knusprig, Wasser macht den Teig zäh, und etwas süßer Rahm, also Schlagsahne, macht den Teig mürb.

- -

Zubereitung

1. Alle Zutaten außer dem Schweinefett rasch zu einem Teig verkneten. Den Teig in etwa 30 gleich große Stücke teilen. Diese Teigstücke messerrückendick mit einem Durchmesser von ca. 25 Zentimetern ausrollen, bemehlen und alle übereinanderlegen.

2. Das Schweinefett sehr stark erhitzen, die Krapfen in das sprudelnd kochende Fett einlegen, umdrehen und sofort wieder herausnehmen. Gut abtropfen lassen und in einer entsprechend großen Schüssel übereinanderlegen.

Die Krapfen werden mit Ennstaler Steirerkäse, gekochten Kartoffeln und Sauerkraut mit weißen Bohnen serviert. Den Gästen bleibt es dann überlassen, ihre Krapfen mit den verschiedenen Beilagen nach Wunsch und Geschmack zu füllen. So frisch gebackene traditionelle Krapfen bekommt man sonst nirgends, viele Wanderer haben sie schon auf der Wachlingerhütte genießen dürfen. Allein die Krapfen sind ein Grund, die Wachlingerhütte immer wieder zu besuchen.

Woazene Krapfen

für 4 Personen

Zutaten

60 g Germ/Hefe
2 EL Kristallzucker
0,75 l Milch
1 kg Weizenmehl Type 700
1 Pck. Vanillezucker
Abgeriebene Schale einer Zitrone
4 cl Rum
2 Eier
1 Eidotter/Eigelb
1 TL Salz
150 g gute Butter,
am besten Almbutter

1 kg Schweineschmalz zum
Herausbacken

Zubereitung

1. Germ/Hefe mit Zucker und 2 EL warmer Milch zu einem Dampfl (Vorteig) anrühren und gut aufgehen lassen. Mit Mehl, Vanillezucker, Zitronenschale, Rum, Eiern, Eidotter und Salz zu einem geschmeidigen Teig abschlagen.

2. Die Butter zerlassen, dazugeben und den Teig so lange schlagen, bis er eine glatte, glänzende Oberfläche hat. Zugedeckt kurz aufgehen lassen, in 50 g große Stücke teilen und schleifen/glätten. Auf einem bemehlten Tuch an einem warmen Ort gehen lassen.

3. Das Schmalz gut erhitzen, aber nicht zum Sieden bringen. Vor dem Backen die Krapfen in der Mitte auseinanderziehen und mit der Oberseite nach unten zuerst in das heiße Fett legen. Drei Minuten backen, Krapfen wenden und drei Minuten auf der anderen Seite backen. Herausnehmen und abkühlen lassen, dann bezuckern und in die Mitte z. B. einen Teelöffel Preiselbeermarmelade geben.

Die Woazene Krapfen gibt es auf verschiedenen Almen. Welche Marmelade dazu gereicht wird, das kann sich auch nach der Alm richten. Ist es eine „Schwarzbeeralm", so wird sicher eine Heidelbeermarmelade angeboten. Egal, was es zu den Krapfen gibt, es schmeckt alles wunderbar!

Rahmnockerln

für 4 Personen

Zutaten

300 g Weizen- oder Dinkelvollmehl
Salz
2 Eier
125 ml Milch
60 g Butter
250 g süßer Rahm/Schlagsahne
100 g Speck
Pfeffer
Frische Petersilie

Zubereitung

1. Aus Mehl, Salz, Eiern und Milch einen Nockerlteig bereiten. Durch ein Spätzlesieb oder einen Spätzlehobel in leicht kochendes Salzwasser einkochen. Einmal aufkochen lassen, Wasser abgießen und kurz mit kaltem Wasser abschrecken.

2. Butter in einer entsprechend großen Pfanne erhitzen, fertige Nockerln hineingeben und kurz durchrösten. Süßen Rahm darübergießen und etwas einkochen lassen.

3. Den feingeschnittenen Speck mit Salz, Pfeffer und feingehackter Petersilie darübergeben. Alles gut vermengen, würzig abschmecken und servieren. Dazu wird gerne Krautsalat gegessen.

Ennstaler Kasnockerln

für 4 Personen

Zutaten

300 g Weizenmehl oder
Dinkelvollkornmehl
Salz
2 Eier
125 ml Milch
40 g Butter zum Anrösten der
Zwiebeln
150 g Zwiebeln
200 g würziger Ennstaler Steirerkäse
Pfeffer

Zubereitung

1. Aus Mehl, Salz, Eiern und Milch einen Nockerlteig bereiten. Durch ein Spätzlesieb oder einen Spätzlehobel in leicht kochendes Salzwasser einkochen. Einmal aufkochen lassen, Wasser abgießen und kurz mit kaltem Wasser abschrecken.

2. Butter in einer Pfanne erhitzen. Nockerl dazugeben und kurz mitrösten, dann würzig abschmecken. Zwiebeln schälen und in Ringe schneiden. Die Zwiebelringe in der Butter anrösten. Den Käse unter die Nockerln rühren, alles mit Salz und Pfeffer abschmecken. Die Nockerl anrichten und mit den gerösteten Zwiebelringen garniert servieren.

„Almverlockungen"

Mit einem freundlichen „Griaß di" oder „Griaß euch" und einem Lächeln werden die Wanderer und Einkehrer auf der Wachlingerhütte begrüßt. Da fühlt man sich gleich wohl, wenn das Gefühl des Willkommenseins spürbar ist. Das einfache kulinarische Angebot wird sehr gern angenommen, und oft wählen die Almgeher jene Speisen, nach denen es gerade duftet. Monika Zefferer ist meist beim Krapfenbacken oder sie bereitet gerade ihre Kasnockerln zu – Düfte, die sehr verlockend sind! Die Frische der Produkte wird besonders geschätzt, aber bekanntlich ist nach einem Fußmarsch auf die Alm auch der Hunger der beste Koch. Da schmeckt es gleich doppelt so gut. Die Almgeher sparen auch nicht mit Lob für das gute Essen, sind immer beeindruckt, dass man aus einfachen Zutaten so etwas Gutes kochen und backen kann.

Die Almküche ist gemütlich eingerichtet und auf der Eckbank am Tisch fühlt man sich sofort wohl. Auch wenn die Küche nicht groß ist, finden doch einige Leute Platz am Tisch, und es macht nichts, wenn man einmal enger zusammenrücken muss, auch wenn man sich vielleicht gar nicht kennt. Eines haben alle Gäste gemeinsam: Sie haben den Weg zur Wachlingerhütte gewählt, sie wandern gern und sind begeistert von den vielen Eindrücken, die sie auf dem Weg zur Hütte sammeln.

An kühlen Tagen lieben die Einkehrer die Wärme der Küche, die mit Holz beheizt wird. Hier können sie Monika Zefferer über die Schulter schauen, wie flink sie ihre Krapfen formt und herausbäckt. Der Duft der frisch gebackenen Krapfen vermischt sich mit dem Duft nach Milch, mitunter nach saurer Milch. Es kann auch ein rauchiger Duft sein und der Duft nach dem alten Holz der Wände, das noch immer lebt.

Viele Wanderer lieben besonders die Tiere auf der Alm. Sie beobachten sie und sind verwundert, dass die Kühe, Rinder und Ziegen einen Namen haben und sogar reagieren, wenn Monika Zefferer nach ihnen ruft. Aber auch das frische Wasser vom Brunnen, die Ruhe, das Kuhglockengeläute machen die Menschen glücklich.

Dass in der Wachlingerhütte jeder Gast individuell betreut wird und es keinen Massentourismus gibt, schätzen die Besucher am meisten. Die Alm ist nicht überlaufen und für Wanderer auch nicht mit dem Auto erreichbar. So kann beim Laufen ein Baum voller Flechten ganz anders betrachtet werden oder eine seltene Blume, die einsam, aber in voller Pracht am Wegesrand steht. Im Auto ist das kaum möglich. So viele Eindrücke können das Herz froh machen. Und diese Bilder, die man ins Herz geschlossen hat, machen es leicht, sich wieder auf den Weg zur Wachlingerhütte auf die Gumpenalm zu machen, wo Monika Zefferer so manchen Gast wiedererkennt, der schon einmal da war.

Eierschmarren „Oaschmorrn"

für 4 Personen

Zutaten

6 Eier
250 ml Milch
240 g Mehl
80 g Zucker
Salz
60 g Butter oder Schmalz zum
Backen
Staubzucker/Puderzucker zum
Bestreuen

Zubereitung

1. Die Eier trennen. Milch, Mehl, Zucker und eine Prise Salz gut verrühren. Die Eidotter/Eigelbe beifügen und alles zu einem Schmarrenteig vermischen.

2. Das Eiweiß zu Schnee schlagen und unter den Schmarrenteig heben. Butter oder Schmalz in einer flachen Pfanne erhitzen, Teig eingießen und auf einer Seite bräunen lassen. Schmarren in der Mitte auseinanderstechen und die Teile wenden. Kurz anbacken lassen und mit einer Gabel in größere Stücke reißen.

3. Sofort anrichten und mit Zucker bestreut servieren. Dazu wird auf der Alm Apfel-, Zwetschken- oder Rhabarberkompott gereicht.

1

2

3

4

5

Monika erzählt eine Geschichte von der Alm

„Es war vor ein paar Jahren, der erste Tag meiner neuen Praktikantin Christina auf der Alm. Wir fuhren gemeinsam in der Früh auf unsere Hütte, ich wollte ihr ja auch alles genau erklären, was so auf sie zukommen wird. Oben angekommenn warteten schon die Kühe zum Melken. Zuerst bemerkte ich gar nicht, dass meine Glockkuh Sally nicht da war. Ich trieb die wartenden Kühe, die auch die Nacht im Freien verbringen, in den Stall zum Melken. Sallys Platz war leer. Sie wird doch nicht ihr Kalb schon bekommen haben!, schoss es mir durch den Kopf. Schnell fuhren Christina und ich mit unserem Almauto, ein ca. 30 Jahre alter Volvo, der wie ein viereckiges Zündholzschachterl ausschaut, zum Schlafplatz unserer Kühe. Er ist von der Almhütte aus nicht einsehbar. Was würden wir wohl vorfinden?

Schon vom Weitem konnte ich Sally sehen, sie stand auf einer steilen Böschung und ging im Kreis. Ich wusste sofort, sie hat ihr Kalb bekommen. Christina blieb die Ruhe selbst, als ich ihr sagte: Wir müssen das Kalb herunterholen. Wir forderten von zu Hause Verstärkung an. Meine Schwägerin Elli, die auch viele Jahre als Sennerin auf der Wachlingerhütte gearbeitet hat, kam uns zu Hilfe. Wir nahmen eine alte Decke aus dem Kofferraum des Volvos und machten uns auf den Weg zu Sally. Wie wird die Kuh auf uns reagieren? Wird sie das Kalb verteidigen? Wird sie uns vertrauen, dass wir nur in guten Absichten kommen? Sally war sehr aufgeregt, sie leckte gerade ihr Kalb ab, das noch nicht auf den Beinen war. Zum Glück, denn so war es leichter für uns, das Tier mitzunehmen. Sally beobachtete unser Handeln genau, aber sie hatte anscheinend volles Vertrauen. Wir waren sehr erleichtert. Elli breitete die Decke aus und wir hoben das Kalb darauf. Elli und ich schnappten die Enden der Decke und zogen sie mitsamt dem Kalb vorsichtig die Böschung hinunter. Die Weide war noch taunass, dadurch ging es viel leichter. Christina hielt inzwischen Sally auf Abstand. Auf der Straße angekommen, riefen wir Sally, in der Hoffnung, sie würde uns folgen. Sie suchte aber ihr Kalb an der Stelle, wo es geboren wurde. Uns ignorierte sie inzwischen vollkommen. Zu dritt hoben wir das Kalb in den Kofferraum des Volvos. Elli setzte sich zum Kalb, mit offenem Kofferraumdeckel fuhren wir langsam zur Hütte. Um Sally würden wir uns später kümmern. Im Stall war alles vorbereitet für den Neuankömmling, ich hatte schon ein paar Tage vorher die Kälberbox mit Stroh gefüllt. Wir hievten das Kalb aus dem Kofferraum, es wurde schon sehr lebendig und zappelte ordentlich. In der Kälberbox versorgten wir den Nabel, dann ließen wir das Kalb in Ruhe. Jetzt mussten wir uns um Sally kümmern. Mit der Decke, die den Geruch ihres Kalbes angenommen hatte, und mit einem Kübel, gefüllt mit Gerstenschrot, fuhren wir zu der jungen Mutter. Mit der Decke und dem Kraftfutter schafften wir es schließlich, sie nach Hause zu bewegen. Sie hörte die ihr vertrauten Laute aus der Kälberbox und muhte zurück, und alles war in Ordnung. Ich konnte dann in Ruhe die Kühe melken, und das kleine Kalb, das übrigens ein männliches Tier ist, bekam seine erste Mahlzeit. Inzwischen richteten Elli und Christina ein herrliches Frühstück her. So konnte der Tag gut beginnen …"

Mayer-lehenhütte

auf der Gruberalm im Salzburgerland

Öffnungszeiten der Mayerlehenhütte:
Ab Ende April/Anfang Mai ist die Hütte bei Wander-
wetter täglich ab ca. 10 Uhr geöffnet.
Anfang Juni bis Mitte September ist Almabtrieb, danach
ist die Hütte noch bis ca. Mitte Oktober geöffnet.

Lisi und Werner Matieschek
Lämmerbach 11
5324 Hintersee

www.gruberalm.at
mayerlehen@gruberalm.at

Sennerin Lisi und Senner Werner Matieschek

In einem Talkessel bei Hintersee liegt die Almwirtschaft von Lisi und Werner Matieschek. Lisis Augen beginnen zu funkeln und zu strahlen, wenn sie an ihre Alm denkt, auf der sie mittlerweile schon 30 Almsommer verbracht hat. Sie ist mit Leib und Seele Sennerin, wie man so schön sagt, und es ist ihre größte Freude, die Sommermonate auf der Alm zu verbringen.

Wanderer, die auf der Gruberalm ankommen, sind fasziniert von dem „Kessel", der sich ihnen eröffnet und den Blick freigibt auf die wunderschöne Osterhorngruppe, den Kessel vom Gennerhorn, dem Gruberhorn und dem Regenspitz. In der Senke der Bergwände liegen die drei Almhütten der Gruberalm. Das 48 Hektar große Almgebiet auf 1036 Metern Seehöhe ist eine Niederalm und erstreckt sich durch die Kesselform als nahezu flache Landschaft, umgeben von Felswänden und durchfurcht von Gräben. Diese landschaftliche Eigenheit macht zugleich die Besonderheit des schönen Platzes aus.

Von der Stadt Salzburg aus fährt man auf der Bundesstraße 158 – der Grazer Bundessstraße – bis nach Hof bei Salzburg. Beim zweiten Kreisverkehr dann in Richtung Faistenau abbiegen. Nach gut 9 Kilometern kommt man in Hintersee an. An der rechts liegenden Kirche und dem links befindlichen Gasthof Hintersee fährt man vorbei und kommt nach ca. 3,5 Kilometern an den Parkplatz Lämmerbach. Nun geht es zu Fuß 45 Minuten den markierten Forstweg entlang bis zur Gruberalm.

Lange Tradition

„Die ursprüngliche, die urige Almhütte ist unsere Hütte. Sie ist die obere der drei Hütten und für uns natürlich auch die schönste", schwärmen Lisi und ihr Mann Werner. Die 107 Jahre alte Hütte haben Lisis Vorfahren mit ebenso viel Herz und Verstand wie Anstrengung im Jahr 1909 erneuert und vergrößert. Baumaterial von drei anderen Hütten wurde dabei verschafft.

Voller Stolz berichtet die Sennerin von der Familie und ihren Vorfahren, von denen sie später die Alm und den Betrieb übernommen hat. Ihre Großtante (geb. 1923) weiß noch, wie schon ihre Mutter die Sommer auf der Alm verbracht hat. Das war vor über 100 Jahren. Die Mädchen vom Hof waren schon in jungen Jahren immer auf der Alm. Das war ganz selbstverständlich, denn dort wurden sie dringend gebraucht.

Besonders stolz war man damals über den Besuch von Kaiser Franz Josef. Die Nähe zum Salzkammergut war wohl der Grund dafür, dass der Kaiser als Gast in die Hütte kam. Den Schmarren hat er sich damals schmecken lassen, später – wie sollte es anders sein – avancierte er zum Kaiserschmarrn, den es noch heute auf der Mayerlehenhütte gibt.

Baumbestand

Früher waren die Tiere bis Mitte Oktober auf der Alm und haben dann schon das abfallende Laub gefressen. „Die Esche ist ein Genuss für die Tiere", sagt Werner Matieschek, der Natur und Tier immer beobachtet und genau kennt. Die Fichte ist der Hauptbaum auf der Alm, wobei ein Viertel des Baumbestands Tannen sind. Zudem gedeiht durch die niedrige Seehöhe auch Ahorn auf der Alm.

- -

Der „Moarlechner" vom Stift St. Peter Salzburg war Verwalter desselbigen. Im Zuge der Bauernbefreiung im 18. Jahrhundert wurden die Bauern freigesprochen. Vom Erzbistum Salzburg und den Großgrundbesitzern bekamen sie Servitute, das heißt dingliche Nutzungsrechte am Holz, das für Schindeln, Zaunholz und Werkzeugholz gebraucht wurde. Die Schoateln – kleine Reisigzweige – durften die Bauern ebenfalls verwenden.

- -

Bunter Almsommer

Die Gruberalm ist eine von acht Almen, die sich auch Holleralm nennen darf. Die Lage als Niederalm macht es nämlich möglich, dass Roter und Schwarzer Holunder hier wachsen. Die anderen Holleralmen liegen in der Fuschlseeregion und in der Osterhorngruppe mit einer Seehöhe von 700 bis 1400 Metern. Durch die niedrige Seehöhe gedeiht der Holunder prächtig und aus den Blüten und Früchten werden köstliche Speisen zubereitet oder Säfte hergestellt. Auf einer Alm rechnet man nicht unbedingt mit Hollerprodukten, erzählt Lisi und ihre Augen blitzen voll Freude auf. Sie beschreibt die Köstlichkeiten so gut, dass man sie geradezu riechen und schmecken kann. Die Sennerin ist eine „kulinarische Künstlerin", das kann sicher jeder Gast bestätigen. Jedes Jahr findet auf der Alm auch ein „Hollerfest" statt – ein wahrer Besuchermagnet. Mehr Informationen dazu gibt es unter www.holleralm.at.

Hollerkoch

für 4 Personen

Zutaten

250 ml Wasser
250 g Zucker
1 kg Holunderbeeren
250 g Zwetschken
250 g Birnen
250 g Äpfel
1/2 TL gemahlene Gewürznelken
1 Stück Zimtrinde
2 cl Rum
1 Pck. Vanillezucker
20 g Weizenmehl
50 g Butter

Zubereitung

1. Wasser und Zucker aufkochen und einige Minuten köcheln lassen. Die reifen Holunderbeeren waschen und von den Dolden abrebeln. Die anderen Früchte waschen, die Zwetschken entkernen und in kleine Stücke schneiden.

2. Birnen und Äpfel mit der Schale grobraspeln. Alle Früchte mit Nelken, Zimt, Rum und Vanillezucker verrühren, zum Zuckersirup geben und gut 1 Stunde langsam köcheln lassen. Wenn die Flüssigkeit gut eingekocht ist, das Weizenmehl in wenig Wasser anrühren und das Koch, also die gegarten Früchte, damit eindicken.

3. Zum Schluss die Butter zufügen und unterrühren. Sie gibt dem Koch einen wunderschönen Glanz. Das Hollerkoch auskühlen lassen und zu Kaiserschmarren oder anderen Süßspeisen servieren.

Zur Haltbarmachung wird das Koch noch heiß in Gläser gefüllt, sofort verschlossen und im Backrohr sterilisiert. Dazu werden die Gläser auf ein mit Wasser befülltes Backblech gestellt. Bei 160 °C wird das Koch so lange erhitzt, bis in den Gläsern kleine Bläschen aufsteigen. Die Temperatur wird auf 150 °C reduziert und die Gläser bleiben noch weitere zehn Minuten im Ofen. Anschließend den Ofen ausschalten, die Tür öffnen und die Gläser im Rohr auskühlen lassen.

Herausgebackene Hollerblüten

für 4 Personen

Zutaten

250 ml Milch
200 g glattes Mehl
2 Eier
Salz
2 cl Rum
Fett zum Backen
15 Holunderblütendolden
Staubzucker/Puderzucker zum
Bestreuen

Zubereitung

1. Aus Milch, Mehl, Eiern, Salz und Rum einen Tropfteig bereiten, der in einer Teigschüssel mit dem Schneebesen gut verrührt wird. Den Teig 30 Minuten ziehen lassen.

2. Das Fett in einer Pfanne erhitzen. Die Holunderblüten vorsichtig ausschütteln, in den Teig tauchen und im heißen Fett goldgelb herausbacken. Mit Zucker bestreuen und mit beliebigem Kompott oder mit Hollerkoch servieren.

Feste feiern

Aber nicht nur das Hollerfest gehört zum bunten Almsommer, sondern auch verschiedene andere kleinere oder größere Feste. Ende Juni bereiten Lisi und Werner ein Petersfeuer vor. Mit den Gästen wird sozusagen die kürzeste Nacht des Jahres gefeiert und daran erinnert, dass es von jetzt an wieder kürzere Tage geben wird. Besonders dieses Fest macht den Almwirten und den Gästen gleichermaßen deutlich, wie sehr die Natur doch unser Leben beeinflusst, auch wenn wir das heute kaum noch wahrhaben wollen.

Spannend wird es im September, wenn Lisi zum Kranzbinden für den Almabtrieb lädt. Jedes Jahr kommen viele Menschen zum Helfen und es herrscht ein schönes Miteinander. Die Sennerin Lisi ist dankbar und freut sich mit ihren Helfern, dass der Sommer gut verlaufen, auf der Alm nichts passiert ist und dass alle Tiere „den Sommerurlaub" hoch auf der Alm gut überstanden haben.

Almbewirtschaftung ist Pflege wertvollen Lebensraums

Wie auch auf anderen Almen gehört zu jeder Alm der sogenannte Anger, eine Almwiese, die nahe bei der Hütte liegt. Diese Almwiese wird einmal im Jahr gemäht und das Gras wird zu duftendem Almheu getrocknet. Dazu muss es mehrmals gewendet werden, damit es gut durchtrocknen kann. Früher war das Heu in einem eigenen Stadl

untergebracht, um Futterengpässe bei unbeständigem Wetter zu verhindern. Im Winter wurde es dann ins Tal gebracht und verfüttert. An das „Heuziehen" können sich Lisi und Werner Matieschek noch gut erinnern.

Heute wird das Heu gleich zu Tal gebracht und im Winter dort verfüttert. Ab Mitte August wird die Wiese, je nachdem, wie viel Futter die Alm bietet, zur Weide. Der Unterschied ist einfach: Eine Wiese wird gemäht, das Gras getrocknet und bevorratet, auf einer Weide fressen Kühe und Rinder das frische Gras.

Almen erhalten

Die Mayerlehenalm ist einem Almerhaltungsprogramm angeschlossen. Dabei geht es um den Schutz der Almwiesen, die nicht zu stark von Bäumen und anderen dominanten Pflanzen bewachsen werden dürfen, denn sonst entsteht ein anderer Bewuchs und der Charakter der Almwiesen geht verloren. Wesentlicher Teil der Almpflege sind Ziegen. „Man sieht richtig, wie die Ziegen die Alm zusammenräumen und gerade auch kleine Bäume und größere Pflanzen abfressen. Sie sind auf eingezäunten Flächen und kommen, wenn sie diese zusammengeräumt haben, auf eine andere Stelle. So funktioniert Almbewirtschaftung ohne technische Geräte. Dazu kommt noch das Schwenden der größeren Bäume und großen Buschpflanzen, das mit Motorsäge und Freischneider erfolgt", berichtet Werner Matieschek. Die Weiden auf der Gruberalm kann man sich als grüne Zungen vorstellen, die durch Gräben getrennt sind. „Das hat die Natur so gerichtet, denn wenn das Schneewasser herunterkommt, sucht es sich immer seine Wege. Und mit der Zeit sind diese kaum überwindbaren Gräben entstanden. Sie verleihen der Alm auch einen besonderen Charakter", schwärmt Lisi. Die Sennerin fühlt sich auf ihrer Alm unbeschwert und glücklich, auf der sie dem Himmel so nah ist.

Der Tierbestand

Der Rinderbestand auf der Alm ist nicht sehr groß. Es gibt acht Pinzgauer Kühe mit Hörnern und deren Nachzucht vom Heimathof. Die sehr hübsche und seltene Rinderrasse hat in dieser Region große Tradition und ist für eine Almbewirtschaftung sehr gut geeignet, da sie geländegängig ist. Zusätzlich wird auch noch Zinsvieh aufgenommen. Die etwa 20 „Annehmviecher" stammen von Talbauern aus dem Flachgau. Lisi lacht beim Gedanken an die Tiere. „Die müssen dann auf der Alm erst einmal richtig gehen lernen, weil sie keine Hügel und steinigen Flächen gewohnt sind. Es ist nicht anders als mit "Flachlandkindern", die auf der Alm auch immer stolpern. Das sind eigene Erfahrungen, die Mensch und Tier auf der Alm machen und die auch wichtig sind."

Wesentlicher Betriebszweig

Die Mayerlehenhütte ist für die Wirtschaftlichkeit des ganzen Hofs, also auch des Heimbetriebs, wichtig. Damit befasst sich der Senner immer wieder. Werner sieht die Arbeit so: „Für die Tiere da sein, sie versorgen und melken, das ist die erste Almarbeit. Da geht es einerseits um Tiergesundheit und andererseits um die Bewirtschaftung der wertvollen Almflächen. Wirtschaftlich gesehen sind aber die Wanderer von großer Bedeutung, die die Almwirtschaft hier ganz dringend braucht. Die Milch allein wirft zu wenig ab, um überleben zu können." Ein wesentliches Standbein sind für Lisi und Werner deshalb diese vier Almmonate. „Wir vermitteln unseren Gästen immer wieder, dass sie durch ihren Besuch mithelfen, die Alm zu erhalten. Dieses Bewusstsein können nur wir selbst schaffen." Lisi hat bei der Bewirtung eine herausragende Rolle, die ihr Mann hervorhebt: „Lisi ist genial. Sie macht aus "nix" die tollsten Gerichte. Allerdings muss ich aufpassen, dass ihr die Arbeit nicht zu viel wird."

Der Bauernhof wird, wie für diese Gegend typisch, im Nebenerwerb bewirtschaftet. Werner arbeitet als Sozialarbeiter und trägt damit zur wirtschaftlichen Stabilität der Familie bei. Das landwirtschaftliche Einkommen der Matiescheks setzt sich zu einem Drittel aus der Almwirtschaft und zu zwei Dritteln aus der Landwirtschaft am Heimatbetrieb zusammen. Der Heimatbetrieb ist 6 Hektar groß, 5 Hektar an extensiven Flächen wurden dazugepachtet. Der Heimathof in Hintersee liegt auf 760 Metern.

Die Almzeit ist eine sehr intensive Zeit, denn mitunter wird bis zu 16 Stunden täglich gearbeitet. Aus Überzeugung wird sowohl auf dem Heimatbetrieb als auch auf der Alm biologisch gewirtschaftet. Familie Matieschek ist davon überzeugt, dass wir wieder zurück zur Natur und zu einem ganzheitlichen Wirtschaften kommen müssen. Das ist auch für die Qualität der Lebensmittel wichtig.

Die Fortführung des Betriebs wird einer der Söhne übernehmen, wobei eigentlich alle fünf Kinder von Lisi und Werner sehr gern auf der Alm sind. Schon

als Kinder haben sie die Sommer immer auf der Alm verbracht und dort gelebt. Und das prägt das ganze Leben. Eines ist für Lisi klar: „Ich werde der nächsten Generation bei ihren Entscheidungen und ihrer Betriebsweise sicher nicht im Weg stehen. Wenn es nicht anders geht, such ich mir eine andere Alm, wo ich den Sommer verbringen werde. Aber ohne Alm kann ich nicht sein."

Das schönste Lebensgefühl

Schon im März kommt bei der Sennerin die Vorfreude auf den bevorstehenden Almsommer auf. Lisi wird mit dem Längerwerden der Tage früher munter und möchte am liebsten schon um 4.30 Uhr den Tag beginnen. Für sie bedeutet das Almleben so vieles. Es ist Leidenschaft, Herzblut und große Liebe zu dieser Arbeit und den Menschen, die sie wieder besuchen werden. Lisi drückt das so aus: „In diesem Leben ist einfach alles drinnen, was mir guttut. Mein schönstes Lebensgefühl ist auf der Alm – und da muss der Mann dabei sein. Das ‚Feuer', das in mir seit 30 Jahren Almsommer brennt, ist noch immer da! Auch die große Leidenschaft ist noch immer da, trotz der vielen Arbeit." Wie gut, dass die Sennerin ihrer Leidenschaft beinahe ein halbes Jahr frönen kann, aber sie weiß auch um dieses Glück und ist unendlich dankbar dafür. Oben auf der Alm ist sie dem Himmel immer ganz nah, wie sie selbst sagt.

Almleben pur

Das einfache Almleben ist eine große Bereicherung für die Sennerin und ihre Familie. „Mit 14 Jahren war ich erstmals selbstständig und allein auf der Alm in unserer Mayerlehenhütte. Ich habe klein angefangen und einfach getan, was mir aufgetragen wurde. Die Alm war aber immer mein eigenes Reich – da hat niemand dreingeredet", erzählt Lisi. Dass niemand dreingeredet hat, zeigt den Stand der Bäuerinnen und ihrer Töchter auf den Bauernhöfen. Auf der Alm waren immer sie die Chefinnen, und das mit großer Hingabe.

Lisi freut sich auch darüber, dass viele Gäste seit 30 Jahren zu ihr auf die Alm kommen. Diese Treue tut gut. Manchmal denkt die Sennerin an bestimmte Menschen, die im Almsommer noch nicht zu Gast waren, die dann aber sehr bald bei ihr einkehrten. Almleben und Tourismus lassen sich gut verbinden. In der Festspielzeit in Salzburg kommen beispielsweise viel mehr Gäste, auch SchauspielerInnen, die sich auf der Mayerlehenhütte sehr wohl fühlen. Eine Maskenbildnerin von den Festspielen war von Lisi und ihrer Alm so angetan, dass sie sogar ihre Mithilfe angeboten hat. Für Lisi sind alle Menschen gleich und sie werden gleichwertig behandelt. „Auf der Alm sind alle im gleichen Stand. Almgäste sind nette Menschen. Sie bringen Zeit und Ruhe mit. Es sind gemütliche Menschen. Und bei uns auf der Alm, und sicher auch auf vielen anderen, fühlen sich alle einfach als Menschen. Alle sind per Du und unterhalten sich bestens."

Der Almtag einer Sennerin

Um 4.30 Uhr ist Tagwache – zu früh für die meisten Menschen, aber auf der Alm wird man von Vogelgezwitscher, Wasserplätschern vom Brunnen und dem Muhen der Kühe rechtzeitig munter. Die Arbeit wird aufgeteilt. Werner holt die Kühe von den verschiedenen Almflächen, dann werden sie gemeinsam gemolken, Lisi reinigt sorgfältigst das Milchgeschirr und die Melkkammer. Werner mistet aus, macht den Stall sauber und treibt die Kühe wieder auf die Almflächen. Nun wird in der Hütte eingeheizt, das Frühstück wird vorbereitet und dafür nimmt man sich als Familie auch Zeit.

Die Gäste

Dann kommen auch schon bald die ersten Gäste, und eine gute Vorbereitung ist sehr wichtig, damit alle zufrieden sind. Die frühen Wanderer genießen gern das „Mayerlehen BioFaire Alm Frühstücksbüfett" – hungrig sind aber alle Almgeher, egal, zu welcher Zeit sie erscheinen. Die angebotenen Almspezialitäten von Lisi sind ein wahrer Genuss und sicher auch ein Grund für die vielen Besucher der Hütte. Ab 16 Uhr müssen wieder die Kühe zum Melken geholt werden. Die Gäste wissen dann schon, dass sie sich Getränke aus dem kalten Brunnentrog nehmen können. „Sie sind ja alle ganz ehrlich, die auf die Almen kommen", ist Lisi überzeugt. Abends wird es meist spät, bis die letzten Gäste gehen, das Aufbrechen fällt vielen in der wunderbaren Umgebung recht schwer.

Für Lisi geht es nun noch ans Vorbereiten für den nächsten Tag beziehungsweise die nächsten Tage. Säfte ansetzen, fertige Säfte abfüllen, für den Topfen die Milch säuern, neuen Frischkäse und Joghurt

mit den natürlichen Säurekulturen versetzen und auf die richtige Temperatur bringen. Für Schnittkäse ist die Almhütte noch zu wenig eingerichtet, da die Auflagen laut Lebensmittelhygieneverordnung sehr hoch und kostenintensiv sind. Die restliche unverarbeitete Milch wird täglich gut gekühlt zum Hof ins Tal gebracht und an die Molkerei geliefert. Keine Lebensmittel dürfen verderben oder weggeworfen werden, das ist oberstes Gebot im Hause Matieschek.

Almabtrieb

Der Almabtrieb der Mayerlehenhütte findet nach dem Schulbeginn im Herbst statt und ist ein großes Fest für alle Bewohner und Gäste in der Region. Das Ereignis lockt sehr viele Gäste an und ist ein touristisches Highlight, dennoch ist der Ursprung und die Bedeutung des Almabtriebs nicht verloren gegangen.

Die Tiere werden mit selbst gemachtem Almschmuck aufgekranzt, wie es auf den Almen heißt. In dieser Almregion gibt es traditionell einen ganz besonderen Schmuck, der schon in den Wintermonaten vorbereitet wird. Er besteht aus verschiedenen Teilen:

- Daxen nennt man das Gerüst oder die „Federn" aus Tannenzweigen. Auf die Daxen wird aufgebaut, der Halfter zum Befestigen des Ganzen ist in Gold und Rot gehalten.
- Spiegel werden eingearbeitet, die mit dem sogenannten Bergköpfelmuster umrahmt sind. Sie sollen die bösen Geister abwehren.
- Obenauf befindet sich ein Fächer und ringsherum sind Sterne mit den Folienwuzerln an den Riemen.

Als Speisen reicht die Sennerin zum Almabtrieb frische Pofesen, gebackene Mäuse und ein Schnapserl. Diese Gaben nennt man „orausch". Ein anderer Almbesitzer auf der Gruberalm ist beim Almabtrieb ebenfalls mit dabei, und so kommt es zu einem gemeinsamen Abschluss des Almsommers.

Früher war mit dem Almabtrieb auch die Hütte geschlossen. Es wurde nur noch aufgeräumt und die Alm winterfertig gemacht. Aber es kommen auch im Herbst noch Wanderer auf die Alm. Aus diesem Grund werden in der Mayerlehenhütte bis zum Einbruch des Winters die Gäste bewirtet.

„Wenn ein Almsommer dem Ende zugeht, lässt man die letzten Monate noch einmal Revue passieren. Viele Ereignisse kommen in Erinnerung", erzählt Lisi und lächelt. Und Werner betont einmal mehr, wie stolz er auf seine Frau ist, die für ihn die beste Köchin und Gastgeberin ist. Es war für beide wieder eine gute Zeit, die sie dem Himmel nahe gebracht hat.

- -

Gekränzt wird nur dann, wenn es bis Bartholomä (23. August) kein Unglück gegeben hat. Ist ein Tier verendet oder wurden Almbewohner von schweren Schicksalsschlägen heimgesucht, wird nur grün, mit einem Kranz aus Almrauschzweigen, gekränzt.

- -

Kleine Almröserl aus Seidenpapier und Folienwuzerln waren früher Aufmerksamkeiten für die Almgeher. Mittlerweile sind aber so viele Zuschauer und Almgeher beim Almabtrieb dabei, dass nur jene ein Almröserl bekommen, die in Tracht und mit Hut erscheinen.

Der anführende Ochse hat eine Krone aus Almrausch, die einer Erntekrone ähnlich ist. Sie ist mit roten und weißen Blüten – den Salzburger Landesfarben – geschmückt. Auf der Mayerlehenhütte wird großen Wert gelegt auf diesen besonderen Almschmuck, der zum Hof gehört.

Kaspressknödel

für 4 Personen

Zutaten

1 Zwiebel
200 g gekochte Kartoffeln
300 g Bergkäse
1 Stängel Petersilie
250 g Knödelbrot
400 ml Milch
2 Eier
Salz, Pfeffer
Muskat
Fett zum Backen

Zubereitung

1. Zwiebel schälen, feinschneiden und ganz kurz in heißem Wasser blanchieren. Die gekochten Kartoffeln reiben. Den Käse in kleine Würfel schneiden. Petersilie feinschneiden.

2. Das Knödelbrot, die Kartoffeln, den geriebenen Käse, die Petersilie und die Zwiebel in eine Schüssel geben. Milch mit Eiern versprudeln, die Gewürze dazugeben und über die Knödelmasse gießen. Alles gut verrühren.

3. Die Knödelmasse gut eine halbe Stunde ziehen lassen. Knödel mit einem Durchmesser von 8 Zentimeter formen und anschließend flachdrücken. Fett in einer Pfanne erhitzen und die Knödel beidseitig hellbraun backen. Aus dem Fett nehmen und gut abtropfen lassen. In Rindssuppe und mit reichlich Schnittlauch bestreut servieren.

- -

Werden diese Knödel als Hauptspeise serviert, reicht man dazu am besten frischen grünen Salat oder auch Sauerkraut.

- -

Fleischkrapfen

für 4 Personen

Zutaten

600 g Weizenmehl
2 Eier
50 g weiche Butter
50 g Sauerrahm/saure Sahne
Salz
Wasser nach Bedarf
500 g Schweinsbraten vom Vortag,
Geselchtes oder Wurst
Rapsöl, Schmalz zum Backen

Zubereitung

1. Mehl mit den Eiern, der Butter, Sauerrahm und Salz gut vermengen. Dann mit so viel Wasser vermengen, dass ein geschmeidiger Teig entsteht, der sich gut ausrollen lässt.

2. Schweinsbraten, Geselchtes oder Wurst – es können auch Randstücke oder Abschnitte dazu verwendet werden – sehr fein würfeln oder grobfaschieren/-hacken.

3. Den Teig ausrollen und in 15 x 15 Zentimeter große Quadrate schneiden. Einen großen Löffel der Fülle daraufgeben und zu einem Dreieck zusammenklappen, wobei die Ränder fest zusammengedrückt werden, damit die Fülle nicht auslaufen kann. In Rapsöl mit etwas Schmalz herausbacken. Krapfen abtropfen lassen und mit Sauerkraut servieren.

Millirahmstrudel

für 4 Personen

Zutaten

Für den Strudelteig
250 g Weizenmehl
125 ml Wasser
1 Ei
Salz
1 EL Öl
1 EL Essig

Für die Fülle
3 Eier
100 g Zucker
75 g weiche Butter
300 g Topfen/Quark
200 g Sauerrahm/saure Sahne
80 g Rosinen
1 Pck. Vanillezucker
30 g Mehl oder Maisstärke
60 g Butter zum Beträufeln
1 Ei zum Bestreichen

Zubereitung

1. Für den Teig alle Zutaten in eine Schüssel geben und mit den Knethaken sehr gut verkneten. Es soll ein fester Strudelteig entstehen. Bei Bedarf noch etwas Wasser zufügen. Den Teig dann auf der Arbeitsfläche gut kneten und mit Öl bepinseln. Zugedeckt mindestens 30 Minuten rasten/ruhen lassen.

2. Für die Fülle die Eier trennen. Eiklar/Eiweiß zu steifem Schnee aufschlagen. Dotter, Zucker und Butter schaumig aufschlagen. Dann Topfen/Quark und Sauerrahm zufügen und gut einrühren. Rosinen waschen und mit dem Vanillezucker und dem Mehl bzw. der Stärke vermengen und zur Quarkmasse geben. Gut unterrühren und dann Eischnee unterheben.

3. Den Strudelteig auf einem Strudeltuch zuerst mit dem Rollholz auf Mehl kurz ausrollen. Nun die Oberfläche mit wenig Öl benetzen, damit der Strudelteig beim Ausziehen nicht mehr verkleben kann. Den Teig über den Handrücken legen und so lange ausziehen, bis er gleichmäßig dünn ist.

4. Auf einem Drittel der Fläche die Fülle gleichmäßig verstreichen. Die restliche Teigfläche mit zerlassener Butter beträufeln. Teigenden an den Seiten einschlagen, damit die Fülle nicht auslaufen kann. Nun den Strudel mit dem Tuch flach einrollen. Auf ein mit Backpapier belegtes Backblech legen und mit gut zerklopftem/geschlagenem Ei bestreichen. Bei 160 °C ca. 45 Minuten backen. Noch warm servieren.

Auf der Mayerlehenhütte wird dieser köstliche, saftige Millirahmstrudel mit oder ohne Vanillesoße serviert. Immer wird er mit einer Blüte der Saison als Dekoration angerichtet.

Almleben erfahren

Lisi und Werner Matieschek von der Mayerlehen- hütte haben verschiedene Angebote für die jun- gen Almbesucher. Werner ist Natur- und Land- schaftsführer und Kräuterpädagoge. Vor allem seine Initiative „Schule auf der Alm" wird gern angenommen. Der Senner zeigt und erklärt Schü- lerinnen und Schülern das Almleben mit all seinen Facetten. Lisi versorgt diese Gruppen mit ihren kulinarischen Köstlichkeiten. Bis zu 25 Schul- kinder können während dieser interessanten Pro- jekttage betreut werden, die auch auf der Alm übernachten und dann im Matratzen- oder Heu- lager untergebracht sind. „Wir sind davon über- zeugt, dass wir den Kindern das Wissen vom Alm- leben mit auf den Weg geben müssen. Sie sollen bei uns ohne all ihre technischen Geräte, die viel zu oft in Gebrauch sind, unvergessliche Tage erle- ben. Ganz gleich, ob Pflanzen oder Tiere, ob eine Quelle oder ein schön geformter Stein, frische Milch und köstliches Butterbrot – die Kinder stel- len schnell fest, wie wunderbar ein einfaches Leben sein kann und wie viel es zu entdecken gibt auf einer Alm. Faszinierend sind für junge Leute auch die unterschiedlichen Geräusche: Kuhglo- cken, Ziegen und Vögel, das Krähen des Hahns, das Rauschen des Wassers, das Plätschern am Brunnentrog – alles ist klar und schön, ansonsten ist jedoch Stille. Dazu kommen noch die vielen Düfte, die so typisch sind für eine Alm: Ob es das Heu im Nachtlager ist oder der wunderbare Duft nach frisch gebackenen Krapfen, die Düfte blei- ben für lange Zeit in Erinnerung. Das Almleben bewusst zu erleben tut den Kindern gut. Es berei- tet uns viel Freude, die Kinder für einige Tage zu begleiten", schildern Lisi und Werner.

Beste Betreuung

Dass Lisi sich auf ihrer Alm so wohlfühlt, spürt man und ihre Freude scheint auf die Gäste überzusprin- gen. Sie werden freundlich und mit einem strah- lenden Lächeln begrüßt und genießen jede Minute auf der Alm. Die köstlichen, frisch zubereiteten Gerichte sind typisch für die Region, und ein küh- les Getränk aus dem Brunnentrog erfrischt nach einem langen Marsch. Wer kann sich das so heute noch vorstellen? Vor allem bei der Zubereitung der Speisen ist Kreativität und Spontaneität gefragt, denn nicht immer sind alle Zutaten, die gebraucht werden, vorrätig. Und gerade das macht die Gerichte so urig und individuell.

Die Krapfen sind echte Krapfen, Fertigmischungen kommen nicht auf die Alm. Ebenso sieht es bei den Kaspressknödeln und bei den Fleischkrapfen aus. Besonders beliebt sind der Hollersaft und insbesondere der Schafgarbensirup. Der Sirup, verdünnt mit dem klaren, kühlen Almwasser, ist ein besonders aromatischer, wohlschmeckender und wohltuender Durstlöscher. Die Freude, die Lisi am Almleben hat, gibt sie sehr gern weiter und ihre Gäste danken es ihr mit einem Lächeln. Am liebsten würde die Sennerin das ganze Jahr über auf der Alm bleiben, wenn es nicht den Winter gäbe. Solange das Wetter mitspielt, zögert sie das Heimfahren zum Heimathof bis gut in den November hinaus. Die Mayerlehenhütte ist für sie ein besonderer Platz in ihrem Leben.

Das Krapfenbacken

Die älteren Bäuerinnen haben immer behauptet, die jungen könnten nicht Krapfen backen. Irgendwann wollte Lisi sich damit nicht mehr abfinden und hat es einmal ausprobiert. Zuerst hat sie vergessen, die gestochenen Krapfen abzudecken; sie wurden hautig und wurden darum gleich dem Stier Wicki im Stall verfüttert, der sie mit der Zunge geschnappt hat. Ebenso ging es mit den Krapfen beim zweiten und dritten Versuch. Dann hatte sie den „Dreh" heraus und die Stalltür wurde zugemacht. Die Gäste standen schon auf der Stiege und wollten unbedingt so einen frischen Krapfen haben. Seit diesem Tag werden an jedem Almtag frische Bauernkrapfen gebacken und meist mehrmals ein Krapfenteig zubereitet.

Bauernkrapfen mit Sauerkraut

für 4 Personen

Zutaten

60 g Germ/Hefe
120 g Zucker
500 ml Milch
1 kg griffiges Mehl
1 Pck. Vanillezucker
Abger. Schale einer Zitrone
4 cl Rum
3 Eier
1 TL Salz
120 g Butter
Fett zum Backen

Sauerkraut oder Hollerkoch
(siehe Seite 51)

Wird der Bauernkrapfen mit Sauerkraut
serviert, so soll er noch heiß sein. Süße
Krapfen werden lauwarm serviert,
überzuckert und in die Mitte kommt ein
Löffel Hollerkoch.

Zubereitung

1. Germ mit Zucker und warmer Milch zu einem Dampfl (Vorteig) anrühren, abdecken und gut aufgehen lassen. Mit Mehl, Vanillezucker, Zitronenschale, Rum, Eidotter und Salz zu einem geschmeidigen Teig abschlagen.

2. Zerlassene Butter dazugeben und so lange schlagen, bis der Teig eine glatte, glänzende Oberfläche hat. Kurz angehen lassen, in 50 g große Stücke teilen und schleifen/glätten. Auf einem gut bemehlten Tuch an einem warmen Ort gut aufgehen lassen.

3. Das Fett erhitzen. Die Krapfen vor dem Backen in der Mitte auseinanderziehen und mit der Oberseite nach unten zuerst in das heiße Fett legen, 3 Minuten backen, Krapfen wenden und 3 Minuten auf der anderen Seite backen.

Schafgarbensirup

für 4 Personen

Zutaten

3 l Wasser
2,5 kg Zucker
2 Handvoll Schafgarbenblüten
3 Biozitronen
50 g Zitronensäure

Zubereitung

1. Das Wasser mit dem Zucker aufkochen. In der Zwischenzeit die Schafgarbenblüten gut waschen und dann ins kochende Zuckerwasser geben. Vom Herd nehmen.

2. Die Zitronen in Scheiben schneiden, zusammen mit der Zitronensäure in das Schafgarbenwasser geben und alles gut verrühren. Mit einem Baumwolltuch bedeckt an einem kühlen Ort drei Tage durchziehen lassen. Während dieser Zeit hin und wieder umrühren.

3. Den Sirup durch ein Tuch abseihen und in saubere Flaschen füllen. Gut verschlossen kühl und dunkel aufbewahren. Mit Wasser verdünnt servieren.

Pofesen

für 4 Personen

Zutaten

Weißbrotteig, süß, bzw. Milchbrot:
30 g Germ/Hefe
50 g Zucker
10 g Salz
300 ml Milch
1 Ei
500 g Weizenmehl
150 g Powidlmarmelade
2 cl Rum
3 Eier
Butterschmalz zum Herausbacken

Zubereitung

1. Für den Teig Germ mit dem Zucker und dem Salz in der Milch auflösen. Das Ei dazugeben und versprudeln/verquirlen.

2. Weizenmehl in eine Schüssel geben, die Flüssigkeit dazugeben und alles zu einem geschmeidigen Hefeteig verkneten, bis die Oberfläche glatt ist. Zugedeckt an einem warmen Ort aufgehen lassen. Dann in zwei Stücke teilen, zu Kugeln formen und nochmals kurz gehen lassen.

3. Die beiden Teigstücke zu einem länglichen Teigstück in der Länge von 30 Zentimeter stoßen. Auf ein mit Backpapier belegtes Backlech legen und nochmals gut aufgehen lassen. Brot vor dem Einschießen bis zum Boden mehrfach stupfen. Dann mit Schwaden einschießen und bei 180 °C 30 bis 35 Minuten goldbraun backen.
Nach dem Auskühlen in ca. 1 Zentimeter dicke Scheiben schneiden. Diese mit Powidlmarmelade bestreichen und zusammenklappen. In versprudeltem, leicht gesalzenem Ei wälzen und in wenig Butterschmalz herausbacken. Noch warm leicht überzuckert servieren.

Hollerpofesen werden mit Hollermarmelade bestrichen und sind eine leckere Alternative zu den einfachen Pofesen.

Gebackene Mäuse

für 4 Personen

Zutaten

60 g Germ/Hefe
100 g Zucker
Etwa 500 ml Milch
150 g Rosinen
4 cl Rum
1 kg griffiges Mehl
1 Pck. Vanillezucker
abgeriebene Zitronenschale
3 Eidotter/Eigelb
1 TL Salz
100 g Butter
Fett zum Herausbacken
Staubzucker/Puderzucker zum
Bestreuen

Zubereitung

1. Germ mit Zucker und warmer Milch zu einem Dampfl/Vorteig anrühren und zugedeckt gut aufgehen lassen.

2. Die Rosinen waschen und in Rum einlegen. Mit Mehl, Vanillezucker, Zitronenschale, Rumrosinen, Eidotter und Salz zu einem geschmeidigen Teig abschlagen. Zerlassene Butter dazugeben und so lange schlagen, bis der Teig eine glatte, glänzende Oberfläche hat.

3. Den Teig zugedeckt gut aufgehen lassen. Fett in einer Pfanne erhitzen. Mit einem Esslöffel Teigstücke ausstechen und im Fett beidseitig je 2 bis 3 Minuten goldbraun backen. Gut abtropfen lassen und mit Staubzucker bestreuen.

Junsalm

im Zillertal

Öffnungszeiten der Junsalm:
Ab Mitte Juni bis Mitte Oktober ist die Hütte täglich
von 9.00 bis 16.30 Uhr geöffnet.

Obmann Peter Erler
Tel.: +43 (0)664 4272296

Andreas Hundsbichler, Gut Edenlehen
Tel.:+43 (0)664 2560525
info@edenlehen.com

Silvia und Ali Erler
Stoankasern
Tel.: +43 (0)664 52878577

befinden. Zu Fuß erreicht man die Alm in etwa zwei bis zweieinhalb Stunden.

„Für Menschen, die nicht so weit laufen können oder wollen, steht in den Sommermonaten dienstags und donnerstags ein ‚Wandertaxi' zur Verfügung, das die Besucher zur Käserei mit der angeschlossenen Jausenstation bringt. Das freut die Leute, die sonst nicht auf die Alm kommen könnten", verrät Andreas Hundsbichler, einer der Besitzer dieser Alm.
Rund um die Junsalm erschließt sich ein wahres Wander- und Kletterparadies für jeden Geschmack und jedes Alter. Die Alm ist Ausgangspunkt für die vielen Bergspitzen wie die Grübelspitze mit 2395 Höhenmetern. Von dort hat man eine unvergleichliche Aussicht über die Zillertaler Alpen, den Rastkogel, das Ramsjoch und den Tuxer Hauptkamm. Ein weiterer lohnenswerter Anstieg ist der Weg zur Geierspitze bis zum Lizumer Reckner auf 2886 Metern Seehöhe. Wer diese Gipfel erreicht, kann stolz sein, wird die Landschaft mit ihren Bergspitzen besonders genießen und dankbar sein, dass man gut oben angekommen ist. Da ist man dem Himmel immer besonders nah.

Eine Alm mit Almkäserei und Jausenstation

Die Junsalm mit der Almkäserei und Jausenstation Stoankasern liegt in einem wildromantischen Almhochtal auf 1984 Metern Seehöhe. Von Mitte Juni bis Ende September können interessierte Besucher jeden Vormittag zusehen, wie Milch zu Butter und Käse verarbeitet wird. Stoankasern ist eine alte heimelige Almhüttenansammlung, unter der sich die Sennerei und die almeigene Jausenstation

Die Route führt durch das wunderschöne Zillertal entlang der Tuxer Landesstraße bis zum Haus Tomann mit der Hausnummer 545. Dort zweigt der Güterweg ab, der bis zur Jausenstation Stoankasern führt. Der Almbauer Andreas Hundsbichler erklärt sehr gern auch die anderen Routen, die zur Junsalm führen: „Ein weiterer Aufstieg ist von der Tuxer Mühle aus möglich. Ebenso ist die Wanderung auf die Junsalm vom Haus Stift (Haus Nr. 568) ausgehend auf dem Weg Nr. 23, dann weiter auf dem Weg Nr. 33 durchführbar. Dieser mündet dann in einen Güterweg. Die Wege sind gut gekennzeichnet, sodass alle Wanderer auf ihrem Weg nach oben dem Himmel ein Stück näher kommen."

Almbewirtschaftung und Bestückung der Alm

Der begeisterte Almbauer, Talbauer und Hotelier Andreas Hundsbichler vom Gut Edenlehen ist einer der Almbesitzer auf der Junsalm. Es handelt sich bei dieser Alm um eine Agrargemeinschaft, die von neun Bauern betrieben wird und eine Fläche von 1260 Hektar umfasst. Vier Bauern treiben auch heute noch ihr Vieh den Sommer über auf die Alm. „Um die gesamte Almfläche frei zu halten und zu pflegen, bringen die Mitglieder der Agrargemein-

schaft je nach Anteil an aufzutreibender Großvieheinheit ihre Eigenleistungen ein. Diese Eigenleistungen werden in sogenannten Kuhgräsern gemessen. Für die einzigartige Alm sind 189 Kuhgräser vergeben, wobei eine Kuhgraseinheit einer Großvieheinheit entspricht. Pro Kuhgraseinheit erbringen die Besitzer je eine halbe Schicht, das sind fünf Stunden an Eigenleistungen. Wenn ein Mitbesitzer diese – aus welchen Gründen auch immer – nicht erbringen kann, muss er einen entsprechenden Kostenanteil leisten. Das ist eine sehr gute, gerechte und sehr klare Lösung. Es ist wie am Hof daheim, wo auch jeder seine Arbeit hat und seine Leistung einbringen muss", berichtet Andreas Hundsbichler und ist froh darüber, dass die Agrargemeinschaft diese klare Lösung getroffen hat.

Zu den zu verrichtenden Arbeiten gehören die Pflege der Weiden, das Zäunen, die Erhaltung und Pflege der Almwege, damit die vielen Almgeher ihr Ziel, die Junsalm, sicher erreichen können.
Der Almauftrieb des Viehs erfolgt Anfang Juni, wenn die Wiesen wieder frei vom Schnee sind und es genügend Weide für die Tiere gibt. Durchschnittlich sind 120 bis 125 Stück Kühe und ca. 100 Stück

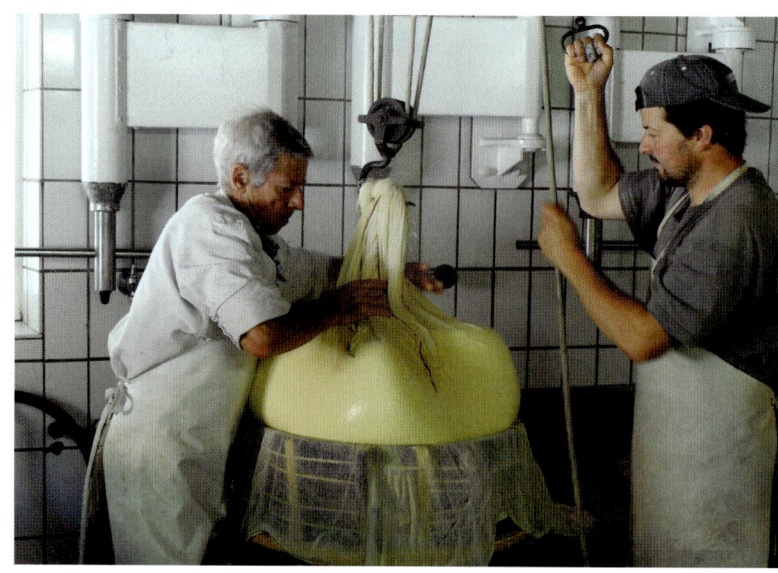

Jungvieh verschiedener Rassen auf der Alm. „Diese Anzahl braucht die Alm, um ordentlich bewirtschaftet zu werden. Da die Besitzer nicht genügend Tiere für die Beweidung der Almflächen haben, wird aus den Tälern Zillertal und Tuxertal Lehnvieh aufgenommen", erklärt der Almbauer und weist damit auch darauf hin, dass die Rinderhaltung im Rückgang ist. Für die künftigen Generationen wird es immer schwieriger werden, von der Land- und Almwirtschaft zu leben. Es ist schon jetzt schwierig geworden und ohne ein zusätzliches wirtschaftliches Standbein kommen viele gar nicht mehr aus. Die dadurch fehlende Zeit geht zulasten der Bewirtschaftung des heimatlichen Betriebs.

Die Tierhaltung
Die Tiere werden zuerst auf die Niederalm, die auf 1800 Metern Seehöhe liegt, getrieben und weiden dort. Da sich die Käserei auf der Hochalm befindet, muss die anfallende Milch täglich zur Verarbeitung

dorthin transportiert werden. Wenn die Niederalm abgeweidet und die Hochalm für die Tiere beweidbar ist, werden die Kühe und Jungrinder zu dieser auf ca. 2000 Metern Seehöhe gelegenen Alm getrieben. Auch dort genießen die Tiere die besten Gräser und Almkräuter und liefern dadurch hochwertige Milch für die Sennerei. Jeder Bauer hat auf der Alm seine eigenen Stallungen, melkt dort seine Kühe und liefert die Milch zur Sennerei auf der Junsalm. Voll Stolz erzählt uns Andreas Hundsbichler von der Käserei: „Die Käserei der Junsalm befindet sich auf 2000 Metern Seehöhe, es werden täglich ca. 2000 Liter Milch verarbeitet. Die anfallende Restmolke wird an die ca. 20 Schweine verfüttert, die eigens für die Almwirtschaft angekauft werden. Sie werden auf der Alm gemästet und dann im Herbst in der heimischen Fleischerei in Natters geschlachtet. Über eine renommierte Firma in Tirol wird dieses Almschweinfleisch als Frischfleisch verkauft oder zu Spezialitäten vom Almschwein verarbeitet und vermarktet. Es handelt sich hierbei um ein Projekt der Tiroler Landwirtschaftskammer

zur sinnvollen Verwertung von Nebenprodukten wie Molke, das sehr gut angenommen wird." Sehr gern erzählt Andreas von der Almbewirtschaftung auf der Junsalm und seine Augen leuchten dabei, denn die Alm ist für ihn und seine Familie so etwas wie der große „Ruhepolv", den sich jeder mal für eine kurze Auszeit gönnt und wo sie sich alle dem Himmel sehr nah fühlen.

Stoankasern – dort, wo es beim Käsen hoch hergeht

In der Sennerei auf der Junsalm, die auch Stoankasern genannt wird, werden die Käsesorten Junsseer, Zillertaler Bergkäse und Tilsiter nach alter Tradition hergestellt. Für diese Arbeiten ist der Käser Josef Kogler angestellt, der die almeigene Spezialität, den Junsseer, entwickelt hat. Das Reifen und Lagern der Käsesorten erfolgt in der alten Käserei Stoankasern. 15 000 Tonnen Käse verlassen jährlich die Alm. Der Käse wird ausschließlich direkt auf der Alm, in der Jausenstation Stoankasern und an private Abnehmer vermarktet. Selbstverständlich werden diese almerischen Köstlichkeiten auch in den Beherbergungsbetrieben der Mitbesitzer den Gästen serviert. „Die hohe Qualität ist unserem Käser Josef Kogler und auch uns Bauern sehr wichtig. Für die hervorragende Qua-

lität und den einzigartigen Geschmack unserer Käse gab es schon viele Auszeichnungen. Bei landes- beziehungsweise europaweiten Käseprämierungen kann unser Käse mit denen der Großmolkereien sehr gut mithalten. Auszeichnungen sind das sichtbare Zeichen für beste Qualität und sie sind auch für das Marketing sehr wichtig", erklärt Andreas Hundsbichler. Für ihn und seine Berufskollegen ist es eine Selbstverständlichkeit, dass ihr Käse auch in den eigenen Küchen verwendet wird, und das beginnt bereits beim Frühstücksbuffet. Durch diese Art der Eigenvermarktung erhalten die Produkte eine wesentlich bessere Wertschöpfung. Sie sind nicht vergleichbar mit konventionellen Produkten, die in jedem Markt erworben werden können. „Mit den wunderbaren Käsesorten der Junsalm erlebt der Kunde Geschmack pur und spürt die Sorgfalt, mit der die Produkte hergestellt wurden", sagt Andreas Hundsbichler und beißt herzhaft in ein Stück Zillertaler Bergkäse, der zusammen mit dem Tilsiter und dem Junsseer – eine Art Camembert – auf dem Käseteller angerichtet ist. Andreas genießt seinen Käse, und bei diesem Genuss sind zumindest die Geschmacksknospen dem Himmel sehr nahe.

Spezialitäten von der Alm

Neben den verschiedenen Käsesorten gilt die Almbutter als besondere Spezialität der Junsalm. Sie wird in althergebrachter Tradition zubereitet und zum großen Teil in der angeschlossenen Jausenstation zu almerischen Speisen verarbeitet, die die hungrigen Wanderer und Almgeher genießen können.

Kasnocken und Kasnudeln, die mit dem Käse von der Alm hergestellt wurden, sind Köstlichkeiten, die man nur dort erhält. Auch die Brettljause ist ein besonderer Genuss, weil sie überwiegend selbst hergestellte Produkte enthält. Besonders beliebt ist, wie auch auf vielen anderen Almen, der „Kaiserschmarrn".

Bei verschiedenen Festen und dem Brauchtum gemäß zum Almabtrieb im Herbst gibt es eine besondere und sehr beliebte Spezialität, die Zillertaler Krapfen.

Zillertaler Graukäsesuppe

für 4 Personen

Zutaten

100 g Zwiebeln
40 g Butter
20 g Weizenmehl
500 ml Rindsuppe
250 g Graukäse
Salz; Pfeffer
Muskatnuss
250 g Schlagobers/Schlagsahne

Zubereitung

1. Zwiebeln schälen und fein würfelig schneiden. Butter in einem Topf erhitzen und Zwiebeln darin anrösten. Mit Mehl stauben und gut verrühren. Mit der Suppe aufgießen und aufkochen lassen.

2. Graukäse raspeln oder aufbröseln, zur Suppe geben und mitkochen. Anschließend mit dem Pürierstab oder der Küchenmaschine pürieren. Abschließend mit Salz, Pfeffer und Muskatnuss würzen und den Schlagobers beifügen.

3. Würzig abschmecken und am besten mit gerösteten Brotwürfeln bestreut servieren.

Kasnocken

für 4 Personen

Zutaten

4 Eier
Salz
400 g glattes Weizenmehl
100 ml Milch oder Wasser
250 g Zwiebeln
40 g Fett (Butter, Butterschmalz,
Schweineschmalz)
100 g Schlagobers/Schlagsahne
oder Milch
200 g geriebener Graukäse, Tilsiter
oder Bergkäse
Gehackte Petersilie nach Belieben

Zubereitung

1. Für den Nockerlteig Eier und eine Prise Salz mit Mehl und Milch oder Wasser mit einem Kochlöffel gut verrühren. Den Teig 15 Minuten zugedeckt stehen lassen.

2. Wasser in einem großen Topf zum Kochen bringen und salzen. Dann mit dem Spätzlehobel kleine Nocken einkochen. Zwei Minuten kochen lassen, dann abseihen und kurz Wasser darüberrinnen lassen, damit sie nicht verkleben.

3. Die Zwiebeln schälen und ein Viertel davon feinwürfeln. Die restlichen Zwiebeln in Ringe schneiden. Das Fett in einer Pfanne zerlassen und die würfelig geschnittenen Zwiebeln darin anschwitzen, dann die fertigen Nocken dazugeben. Am Boden etwas bräunen lassen, dann wenden.

4. Die Zwiebelringe in Fett knusprig rösten. Zu den angerösteten Nocken noch etwas Milch oder Schlagobers dazugeben und den geriebenen Käse unterheben. Mit Röstzwiebeln und Petersilie garniert servieren.

Kasnudeln

für 4 Personen

Zutaten

Für den Nudelteig
300 g Mehl
3 Eier
3 EL Pflanzenöl
Salz

Als Zugabe
150 g Zwiebeln
80 g Butter
150 g Zieger oder Tilsiter
30 g Schnittlauch

Zubereitung

1. Für den Nudelteig alle Zutaten langsam zu einem geschmeidigen Teig kneten, diesen in eine Klarsichtfolie einwickeln und 30 Minuten rasten/ruhen lassen. Danach zwei Millimeter dick ausrollen und Nudeln mit einer Breite von knapp einem Zentimeter schneiden. Der Teig kann auch mit einer Nudelmaschine zu Bandnudeln verarbeitet werden.

2. Wasser zum Kochen bringen und salzen. Die geschnittenen Nudeln darin kurz kochen.

3. Zwiebeln schälen und feinwürfeln. Die Butter in einer Pfanne erhitzen und Zwiebeln darin rösten. Die fertig gekochten Nudeln dazugeben und gut durchschwenken. Nudeln auf einem Teller anrichten und mit geriebenem oder feingeschnittenem Käse bestreuen. Schnittlauch waschen, trockenschütteln, feinschneiden, die Nudeln damit bestreuen und sofort heiß servieren.

Zieger ist ein Käse, der aus Molke hergestellt wird. Er ist vergleichbar mit Ricotta.

Melchermuas

für 4 Personen

Zutaten

150 g Butter
250 g Mehl
750 ml Milch
1 Prise Salz
Zucker und Zimt zum Bestreuen oder
Preiselbeermarmelade nach Belieben

Zubereitung

1. Die Hälfte der Butter in einem Kochtopf schmelzen lassen, das Mehl einrühren, Milch und Salz zugeben und umrühren. Der Teig soll so dick sein, dass der Löffel darin stecken bleibt.

2. Eine Pfanne trocken erhitzen. Restliche Butter zugeben, den Teig portionsweise dünn hineindrücken und knusprig braun braten. Mit dem „Muaser" in kleine Stücke zerteilen.

3. In der Pfanne oder auf einem Teller mit Zucker, Zimtzucker oder Preiselbeermarmelade servieren. Dazu passt sehr gut ein Glas frische Milch von der Alm.

Das Almleben erleben

Das traditionelle Almleben wird auf der Junsalm hochgehalten. „Auf unserer Alm geht es nicht nur um ein wirtschaftliches Arbeiten und das Verkaufen bester, regional hergestellter Produkte. Wie Milch gewonnen und anschließend verarbeitet wird, das können unsere Gäste bei uns noch direkt vor Ort erleben. In der Bergkäserei auf der Junsalm kann man Einblicke in diese einzigartige Arbeit gewinnen und bei den Arbeitsschritten zuschauen. Unser Käsemeister Josef Kogler ist bestrebt, sein Wissen rund um die Verarbeitung der wertvollen Almmilch täglich am Vormittag an die Besucher weiterzugeben. Besonders erfreulich ist, dass diese Spezialitäten direkt vor Ort verkostet werden können. Da hat der Käse auf einmal einen ganz anderen Wert und schmeckt gleich noch viel besser. Das Verständnis für die Arbeit und die Sorgfalt muss den Menschen noch viel mehr bewusst gemacht werden", erklärt Andreas und meint dabei nicht nur die Käseherstellung, sondern auch das Arbeiten auf der Alm und den Umgang mit der Natur, den Tieren und den Produkten. Wem dies ein Anliegen ist, der ist dem Himmel immer nah.

Produktentwicklung

Auf der Junsalm wird wie in anderen Betrieben auch Produktentwicklung betrieben. Ein besonderes Geschmackserlebnis ist der Junsseeer Käse, der von Käsemeister Kogler vor ca. 20 Jahren entwickelt wurde und seitdem schon sehr viele Besucher begeistert hat. Aus wirtschaftlicher Sicht war die Entwicklung der Käsespezialität notwendig. „Der Bergkäse und der Tilsiter haben eine lange Reifezeit, so ist es damals darum gegangen, einen Käse zu kreieren, der eine relativ kurze Reifezeit hat. Die Gäste haben das Produkt von Anfang an gern angenommen, und deshalb kam auch wirtschaftlich noch im selben Jahr etwas zurück", erklärt Andreas diese Produktentwicklung.

Auszeit auf der Alm

Die heutigen Besitzer der Junsalm können nicht selbst auf der Alm leben, da der Heimbetrieb die ständige Anwesenheit erfordert. Doch sie genießen jede freie Zeit, die sie auf der Alm verbringen können. Andreas Hundsbichler vom Gut Edenlehen umreißt dies mit folgenden Worten: „Mit meiner Familie bin ich sehr, sehr gerne ab und zu ein paar Stunden oben auf der Alm. Mitunter muss man sich eine Auszeit erlauben. Da können wir alle ein wenig abschalten, die herrliche Umgebung inmitten des Almkessels genießen. Das Almparadies Junsalm ist dafür bestens geeignet. Da die Alm nur in Ausnahmefällen, wie z. B. mit dem Wandertaxi, in den Sommermonaten erreichbar ist, erfährt der Almbesucher und auch der Wanderer, der die umliegenden Bergspitzen erklimmt, eine Stille in

dem sich alle Vereine beteiligen, an dem die Bäuerinnen und Bauern Köstlichkeiten aus der Region anbieten – insbesondere die Zillertaler Krapfen. Ein Brauchtumsereignis, das seinesgleichen sucht. Wir tun es aber nicht nur für die Gäste, sondern auch für uns selbst und aus Dankbarkeit, dass der Almsommer gut vorübergegangen und der Käse sehr gut gelungen ist und nun reifen darf, bis es im nächsten Jahr im Juni wieder auf die Alm geht", schildert der Almbauer dieses große Fest für Mensch und Tier und schaut in Richtung Sonne, in Richtung Himmel, dem er immer wieder sehr nah ist.

der Natur, die ihresgleichen sucht. Für uns selbst ist es dann auch ein wenig wie im Paradies." Andreas denkt bei diesen Worten wohl an seinen nächsten Almausflug. Die Vorfreude spiegelt sich in seinen Gesichtszügen wider.

Almabtrieb

Der Almabtrieb erfolgt alljährlich Anfang Oktober, außer das Wetter gibt mit frühem Schneefall eine andere Zeit vor. Der Almabtrieb in einem Tourismusgebiet wie dem Zillertal wird natürlich auch in dieser Form genutzt. Alle Tiere im Zillertal werden gemeinsam an diesem Wochenende von den Almen getrieben. „Es ist ein Festtag für das ganze Tal. Treffpunkt beziehungsweise Ziel des einzigartigen Festes der Bewohner im Zillertal ist Mayrhofen. Traditioneller Almschmuck ziert die Häupter der Rinder, die im Tal dann wieder auf ihre Heimathöfe geholt werden. Es ist ein großes Marktfest, an

Zillertaler Krapfen

für 4 Personen

Zutaten

Für den Teig
200 g glattes Weizenmehl
200 g Roggenmehl
Salz
200 ml Wasser
1 Eidotter/Eiweiß
60 g Pflanzenöl

Für die Fülle
500 g mehlige Erdäpfel/Kartoffeln
100 g Zwiebeln
30 g Schnittlauch
250 g Topfen/Quark
150 g geriebener Graukäse
30 g Butter
Salz, Pfeffer
Butterschmalz oder Öl zum
Herausbacken

Zubereitung

1. Für den Teig die Mehle vermischen. Salz, Wasser, Dotter und Öl dazugeben und alles zu einem glatten Teig verkneten. Teig zugedeckt gut 30 Minuten kühl rasten lassen.

2. Für die Fülle die gekochten Erdäpfel schälen und noch warm durch eine Erdäpfelpresse drücken. Zwiebeln schälen und fein würfelig schneiden. Den Schnittlauch waschen, trockenschütteln und feinschneiden. Erdäpfel mit Topfen, dem geriebenen Käse, weicher Butter, Salz und Pfeffer sowie Schnittlauch und Zwiebeln gut vermengen und würzig abschmecken.

3. Den Teig zwei Millimeter dünn ausrollen und in ca. 12 bis 14 Zentimeter große Quadrate schneiden. Auf einer Hälfte der Quadrate die Fülle geben, Teig über die Mitte einschlagen, die Ränder gut zusammendrücken. Oft werden die Ränder noch mit einer Gabel festgedrückt, das ergibt ein schönes Muster.

4. Krapfen in Butterschmalz oder Öl schwimmend herausbacken, bis diese eine schöne braune Farbe haben. Krapfen herausnehmen und auf Küchenkrepp abtropfen lassen. Die Krapfen werden oft mit Kraut oder Rüben gegessen. Sie schmecken aber auch ohne Beilage wunderbar.

Die Alm und ihre Besonderheiten

Das Gebiet der Junsalm ist einzigartig. Niederalm und Hochalm bieten den Wanderern und Berggehern eine unverfälschte Landschaft, umgeben von herrlichen Bergrücken. „Einmalig ist wohl auch, dass es hier keine Strommasten gibt und keine Liftstützen, die das Landschaftsbild stören könnten. Es ist ein Erlebnis, hier zu wandern, die Natur zu genießen und das zu erleben, was viele von uns heute herbeisehnen – Ruhe und Stille. Die Junsalm liegt mitten in einem großartigen Tourismusgebiet, von den Bauern erhalten und ‚gelebt'. Ein Stück Erde, wo man dem Himmel wirklich nahe sein darf", ist der Almbauer und Hotelier überzeugt.

Im Jahr 1981 vernichtete ein großes Feuer die Sennerei und etliche Altgebäude auf der Alm. Die Zusammenarbeit unter den Mitgliedern der Agrargemeinschaft erforderte rasches Handeln. Bereits im Sommer 1982 konnte der Almbetrieb, genauer gesagt die Verarbeitung der Milch, in der eigenen Almsennerei wieder aufgenommen werden. Die Almkäserei ist für die Besitzer ein wesentlicher Teil ihrer Almbewirtschaftung und ein nicht unerheblicher Faktor für das Betriebseinkommen.

Zur Erleichterung der Arbeiten auf der Alm wurde ein Wasserkraftwerk errichtet, das eine Leistung von 70 Kilowatt pro Stunde bringt. Es dient ausschließlich der Selbstversorgung mit elektrischer Energie auf der Alm.

Alte Traditionen

Am Ende des Sommers findet jedes Jahr eine Bergmesse auf der Junsalm statt und daran anschließend wird feierlich der erste Bergkäse, der auf der Alm hergestellt wurde, angeschnitten. „Für den Käser ist das ein besonderer Moment, denn ihm obliegt die Käseproduktion, der gute Käse ist sein Werk. Beim ersten Schnitt ist es dann immer still und alle warten gespannt, wie der Käse im Laib aussieht. Irgendwie ist das mit dem Lüften eines Geheimnisses zu vergleichen", beschreibt Andreas Hundsbichler diesen Augenblick. Die Käserarität „Junsseeer" wird nur in der Bergkäserei Stoankasern aus der Almmilch der Junsalm hergestellt. Und wenn man Glück hat, kann man ihn bei der angrenzenden Jausenstation zusammen mit frischer Almbutter und einem Stück Brot genießen.

Die Junsalm ist ein Wandergebiet für die ganze Familie, und auch die Jausenstation mit den vielen heimischen saisonalen Speisen hat für alle etwas zu bieten. Besonders empfehlenswert sind die süßen Krapflan.

Süße Krapflan

für 4 Personen

Zutaten

Für den Teig
250 g Butter
1 kg griffiges Weizenmehl
2 Eier
300 ml Milch
1 Pck. Vanillezucker
1 Prise Salz
etwas Rum

Für die Fülle
200 g Preiselbeermarmelade oder
Powidlmarmelade
60 g Semmelbrösel oder
Magerquark/Bauerntopfen
Fett zum Backen (Butterschmalz oder
Pflanzenöl)
Staubzucker/Puderzucker

Zubereitung

1. Die weiche Butter mit allen anderen Teigzutaten zu einem glatten Teig verarbeiten. Den Teig 30 Minuten rasten/ruhen lassen.

2. Für die Fülle die jeweilige Marmelade mit Semmelbröseln oder Bröseltopfen vermischen. Den Teig in 32 gleich große Stücke teilen und daraus Kugeln formen. Diese dann zu runden dünnen Blättern austreiben.

3. Die Teigblätter mit der gewünschten Fülle bestreichen, zusammenklappen und Ränder andrücken. In heißem Fett schwimmend herausbacken. Die süßen Krapfen etwas abtropfen und auskühlen lassen. Vor dem Servieren mit Staubzucker bestreuen.

Marzoner Alm

im Südtiroler Vinschgau

Öffnungszeiten der Alm:
1. Mai bis letzter Sonntag im Oktober, täglich ab 10 Uhr

Lena, Gudrun und Sepp Gerstgrasser
Kastelbell-Tschars im Vinschgau
Tel.: +39 (0)335 5605862

www.marzoneralm.it
info@marzoneralm.it
Facebook: Marzoner Alm

Die Marzoner Alm von Sepp, Gudrun und Lena Gerstgrasser

Am 1. Mai beginnt das Almleben auf der Marzoner Alm im Vinschgau. Sie ist von der Gemeinde Kastelbell über Latschinig, einem kleinen, sehr ansprechenden Dorf, aus über die Höfe Freiberg in 2,5 Stunden erreichbar. Befahrbar ist diese Strecke bis zum Parkplatz „Alte Säge". Von da an geht es eine knappe halbe Stunde zu Fuß zur Alm auf 1600 Metern Seehöhe. Von Kastelbell bis zur Alm sind gut 1000 Höhenmeter zu überwinden. Ebenso können die Sennerin Gudrun und der Senner Sepp von Tschars aus über Kalthaus erreicht werden. „Die Forststraße von der alten Säge zur Alm ist für Autos immer gesperrt, da dort viele Leute mit Kindern und Kinderwagen unterwegs sind. Der Weg ist gut zu laufen, und so können auch Familien mit Kleinkindern unbeschwert die Marzoner Alm errei-

chen und am Almleben teilhaben", freuen sich die Almleute. Jeder wird freundlich in der echt urigen Hütte mit vielen Blumen freundlich empfangen. Gudrun hat einen „grünen Daumen" und macht den Almgehern mit ihrer schönen und natürlichen Dekoration viel Freude.

Von der Marzoner Alm aus kann man gut noch weiterwandern: Es geht über einen sehr schönen Rundwanderweg zur Freiberger Mahd (1674 Meter Seehöhe), die in einer Stunde erreichbar ist.

Von dort gelangt man dann in einer halben Stunde wieder zum Parkplatz zurück. Die Marzoner Alm ist aber auch Ausgangspunkt zu der Zirmtal Alm, die in 1,5 Stunden erreicht werden kann. Von da aus gehts noch 1,5 Stunden zu den Plomboden Seen. Wer von der Marzoner Alm die Kofelraster Seen anstreben will, muss mit 2,5 Stunden rechnen. Auch über Tschars/ Tomberg kommt man zur Marzoner Alm, oberhalb der höchst gelegenen Höfe sind etwa 50 Minuten zu wandern. Der Weg dorthin ist ziemlich flach und ein schöner breiter Fußweg, der sehr gerne genutzt wird, weil es dort auch viel ruhiger ist. Von Tomberg aus kommt man auch zu den Zirmtal Seen in 1,5 Stunden und zu den Kofelraster Seen in etwa 3 Stunden.

Gudrun und Sepp kennen alle Wanderwege von der Marzoner Alm aus und könnten sie wahrscheinlich sogar blind gehen. Die Sommermonate auf der Alm genießen die beiden trotz der vielen Arbeit in vollen Zügen. Auf der Marzoner Alm sind sie dem Himmel sehr nah und dankbar für erfüllte Zeit.

Mit dem Drahtesel „aufi"

„Wir freuen uns darüber, dass die Mountainbiker bei uns in der Region nicht als die Feinde der Forstbesitzer und Jäger gesehen werden. Ganz im Gegenteil: Bei uns sind alle willkommen! Diese Möglichkeit der Almerkundung ist ein Meraner Highlight", berichtet die Sennerin und Wirtin Gudrun Gerstgrasser. Im gesamten Tal sind alle befahrbaren Strecken frei für die Mountainbiker. „Das Gebiet ist sehr groß und da haben wohl alle nebeneinander Platz. Teilweise wurden sogar Wanderwege für die Mountainbiker ausgebaut", ergänzt Sepp, der auch darauf verweist, dass die Sportler vor allem für den Frühjahrs- und Herbsttourismus eine wesentliche Rolle spielen. Die Strecken sind sehr vielfältig und weitläufig. Und es gibt von jeder Alm einen Abfahrtsweg ins Tal. Für die Radfahrer, aber auch für alle anderen Almgeher, Wanderer und Touristen ist die Region paradiesisch.

Die Almgeschichte

Die Geschichte der Marzoner Alm reicht weit bis ins frühe Mittelalter zurück. Anfangs war die Alm ein bewirtschafteter Hof, der wahrscheinlich zwischen 1550 und 1850, während der kleinen Eiszeit, durch kühle Sommer und grimmige Winter aufgegeben werden musste. Die beiden zur Alm gehörenden Bauernhöfe wurden vor 200 Jahren aufgelassen und sind an die Pfarrei Stams übergegangen. Die heutigen Besitzer der Kuh- und Rinderalm – die Jungrinder werden als Weidevieh gehalten – bekamen die Flächen zunächst als Pachtflächen, später haben sie diese dann auch zukaufen können.

Ein Kuhhirte hat bis vor 35 Jahren die Kühe gehütet und gemolken, doch weil der Tourismus sehr stark zugenommen hat, stieg die Notwendigkeit, die Bewirtung auf der Alm auszubauen. Früher gab es einen sogenannten unbeobachteten Ausschank für den Sonntag. Die Bauern gingen auf die Alm, um zu tanzen – irgendwer machte immer Musik –

und sich zu unterhalten. Dadurch hielten die Bauern einen engen Kontakt untereinander, denn auch von anderen Tälern kamen Bäuerinnen und Bauern, Mägde und Knechte. Allerdings ist es immer auch sehr hart zugegangen. Meistens wurde gerauft, und dabei ging es immer um persönliche Grabenkämpfe oder um die Mädchen. Viele Liebschaften nahmen hier ihren Anfang und viele Liebende innerhalb der Bauernschaft haben zueinandergefunden.

Danach kam der offizielle Ausschank mit all den Auflagen, die sich bis heute enorm verschärft haben. Für die Almbesucherinnen und Almbesucher kann dies durch die hygienischen Vorschriften sehr positiv gesehen werden, aber für die Bewirtschafter sind die Auflagen mittlerweile nicht mehr nachvollziehbar, zumal bei allen Maßnahmen das Ursprüngliche der Alm und der Almgerichte verloren geht. Und das wollen auch die Einkehrer nicht.

Almbewirtschaftung

Das Gebiet um die Marzoner Alm umfasst rund 30 Hektar Almwiesen und über 280 Hektar Weiderecht, das sich 35 Besitzer teilen. Die Verpächter der Alm haben selbst meist nur noch zwei bis drei Kühe. Dazu kommen noch 50 bis 60 Tiere von anderen Bauern, davon sind 15 Pferde. Früher, vor 50 Jahren, waren noch 30 Melkkühe auf der Alm und an die 70 Jungrinder. Leider ist die Kuh- und Rinderhaltung auch in der Region Kastelbell rückläufig, weil der nicht kostendeckende Milchpreis die Betriebe in eine Umstrukturierung führt, sofern der Hof dann überhaupt noch bewirtschaftet wird.

Bei vielen Bauern geht es um die betriebliche und private Zukunft, ja sogar um die Existenz. Zurzeit ist es sehr schwer, überhaupt noch ausreichend Vieh zu bekommen, um die vorhandenen Weideflächen zu bewirtschaften, zu pflegen und auch in Zukunft offen zu halten. Da die Almbesitzer selbst die Weiden nicht mehr gut bestücken können, kommt Zinsvieh auf die Alm, doch auch das ist mittlerweile schwierig geworden, da die Talbauern im Vinschgau fast ausschließlich vom Apfelanbau leben. Und die Bergbauern leiden unter dem Preisdruck bei der Milch und den überhöhten Preisen für die Rinder und stellen ihre Betriebe, auch wegen der klimatischen Veränderungen, auf Beerenobst um. Wenn ihnen eine solche Umstrukturierung ein überlebensfähiges Einkommen ermöglicht und der Betrieb und Arbeitsplatz erhalten werden kann, dann werden die Menschen auf den Almen dem Himmel wieder ganz nah sein.

Mit der klassischen Almwirtschaft im herkömmlichen Sinn ist es auch auf der Marzoner Alm nicht mehr möglich, wirtschaftlich zu überleben. Der Tourismus und die vielen Gäste sichern aber das

Einkommen der Familie Gerstgrasser. „Das tut den Bauern und Bäuerinnen bis ins Herz weh, wenn die letzte Kuh den Hof verlässt und man überhaupt aufgeben muss. Die Welt ist so verkehrt geworden. Die bäuerlichen Produkte sind gute und echte Lebensmittel und werden deutlich unter ihrem Wert auf den Markt gebracht. Wenn der Konsument für die Lebensmittel nicht mehr viel zahlt, bleibt dem Bauern immer weniger zum Überleben", schildert Sepp und seine Besorgnis ist ihm anzumerken.

Das Almleben

Auf die Frage, was Sepp und Gudrun an ihrer Arbeit so gefällt, antworten beide gleichzeitig und spontan: „Freiheit, Natur, das Einfache und Natürliche am Leben." Es ist schön, so spontane Antworten zu bekommen, und zeigt, wie sehr die beiden das Almleben genießen und warum sie diese Arbeit tun. Aber ebenso sind beide sich einig, dass es auf der Alm erst richtig schön ist, wenn die Rinder und anderen Tiere da sind, dann erst ist die Alm komplett. Mit dem Läuten der Kuhglocken beginnt die schönste Zeit dort oben.

Sepp und Gudrun fühlen sich dem Himmel so nah, wenn abends Ruhe einkehrt, die unzähligen Sterne am Himmel leuchten und sie den Geräuschen der Natur lauschen können. Unbeschreiblich, wie gut das tut, meinen beide ...

Wie alles angefangen hat

Sepp erzählt, wie er zur Marzoner Alm gekommen ist: „Ich bin auf einem Bergbauernhof aufgewachsen und habe dort auch den Umgang mit dem Vieh gelernt und Freude daran gefunden. Eigentlich bin ich aber Schreiner, und das kommt mir heute bei vielen Arbeiten an den Gebäuden sehr zugute. Auch da kann ich meine Freiheit leben und alles so herrichten, wie wir und unsere Gäste es für schön empfinden. In den 1980er-Jahren hatten meine Eltern eine Jausenstation, wo ich bei Bedarf immer wieder Aushalf. Ich habe auch immer viel mit Leuten zu tun gehabt und hobbymäßig wahnsinnig gern gekocht. So war es dann naheliegend, die Marzoner Alm zu übernehmen. Da passt es wunderbar, dass Gudrun – meine liebe und überaus fleißige Frau – Gastronomie gelernt hat", stellt Sepp in einem Nachsatz fest und lächelt seine Gudrun dabei freundlich an.

Aufgabenteilung

Jeder hat seine Aufgaben auf dieser Alm. Der Senner besteht darauf, dass die Küche sein Reich ist. Gudrun hingegen ist für den Service und alles „Drumherum", wie Tischdecken und passender Tischschmuck, zuständig, und das ist ihr Reich, wo ihr niemand hineinredet. Tochter Lena hat nach einer Malerlehre auf der Alm bei ihren Eltern den für sie richtigen Arbeitsplatz gefunden und ist mit dieser Entscheidung sehr glücklich. Die zweite Tochter ist Bergbäuerin und hat sich auf den Beerenobstanbau spezialisiert. Außerdem arbeitet sie als Krankenschwester. Schon als Kind war sie gern mit auf der Alm und kommt auch heute noch häufig. Im Winter lebt die Familie im Heimathaus von Gudrun in Naturns (Nocturnes). Alle genießen ihre Unabhängigkeit und schätzen ihre Freiheit sehr. Obwohl es über die sechs Sommermonate keinen freien Tag gibt, wird ihnen die Arbeit auf der Alm niemals zu viel. Zwei Wochen vor dem 1. Mai wird schon alles voll Vorfreude hergerichtet. Sepp wird von den Almbesitzern beauftragt, verschiedene

Arbeiten vorzunehmen. Sie bezahlen das Material, und Sepp legt dann immer gleich los, um seine Ideen umzusetzen. Nach dem Ende der Almzeit – das ist immer der letzte Sonntag im Oktober – werden auch noch gut zwei Wochen für das Einwintern gebraucht. „Die Freude auf den Umzug auf die Alm ist ungleich größer als die Freude auf die ruhige, stille Zeit im Tal. Die Alm ist unser Leben, die Alm gibt uns so viel", sagt Gudrun. „An den Abenden, wenn der Tag endet, freuen wir uns, von vielen auch ein Dankeschön für die Mühe bekommen zu haben. Ich bin so dankbar, das alles erleben zu dürfen." Die Sennerin ist in solchen Augenblicken dem Himmel sehr nah.

Wirtschaftlichkeit und Bewirtschaftung

Für die 35 Besitzer des Almgebiets ist es mit der Wirtschaftlichkeit nicht weit her. Die Flächen haben zwar ihren Wert, aber „satt" wird davon niemand. Und wer Grundbesitz hat, wird diesen nur in Notfällen verkaufen. Die Freude und Liebe zur Landschaft und das Besondere daran erleben zu dürfen, das schätzen die Eigentümer aber sehr.
Die Pflege der Almflächen haben Sepp und Gudrun übernommen. Auf den Almwiesen grasen über den Sommer zwei bis drei Schafe und einige Zwergziegen, die die Kinder besonders lieben. Sie werden, wie alle anderen Tiere auch, im Herbst wieder ins Tal gebracht.
Sepp und Gudrun legen viel Wert auf ihren schönen Vinschgauer Lattenzaun, der an den Wanderwegen und entlang der Straße aufgestellt wurde und der regelmäßig instand gesetzt werden muss. Das Holz kommt aus den Almwäldern und den Forstbetrieben. Auch die Förster helfen mit. Der Zaun ist ganz nach alter Bauweise hergerichtet. Die besten, natürlichsten heimischen Baustoffe werden verwendet, es finden sich nur Holznägel, und die Pfosten sind mit Lärchenbändern umwickelt. Das sieht einfach toll aus.

Hygienische Auflagen und die Folgen
Wie bei allen anderen Almen auch sind die höchsten Auflagen hinsichtlich Lebensmittelhygiene eine deutliche Erschwernis bei der Bewirtschaftung der Almen. Jede Sennerin und jeder Senner will seine Arbeit bestens erledigen, und sie tun das auch, mit den zusätzlichen Vorschriften wird ihnen aber das Leben und Überleben sehr erschwert. Durch die spezielle Behandlung der Milch lernen viele Gäste

Regionale und traditionelle Köstlichkeiten

„Bei uns gibt es noch echte traditionelle Küche, wir bieten Knödelgerichte, Speckknödel mit Salat oder Käseknödel mit Salat an. Die Brennnesselknödel auf Almwiesenblüten mit einer Vinschgauer Käsesoße werden von den Gästen auch sehr geschätzt. Dieses Gericht wurde im Rahmen der Initiative Sterne-Schlösser-Almen vom Sterne-

den Geschmack frischer Milch oder der natürlichen Buttermilch gar nicht mehr kennen. Geschmackliche Unterschiede gerade bei regionalen Produkten sind kaum mehr erkennbar. Schuld daran ist auch die Lebensmittelindustrie und ihr Umgang mit Lebens- und Nahrungsmitteln. „Wenn es so weitergeht, steht einer Vereinheitlichung des Geschmacks kaum mehr etwas im Weg. Wir machen da aber sicher nicht mit", sagen die Gerstgrassers von der Marzoner Alm voller Überzeugung.

Gerade auf den Almen können die Sennerinnen und Senner dann überleben, wenn sie qualitativ hochwertige, ursprüngliche und regionale Produkte anbieten, die geschmacklich etwas Besonderes sind. Darin sehen auch Sepp und Gudrun ihre wirtschaftliche Zukunft. Die Leistungen des Tourismusverbands tragen allerdings dazu auch ganz wesentlich bei.

Gudrun erzählt noch von einer Besonderheit: „Wir haben einen Gemüsegarten auf der Alm, das ist auch durch das milde Klima in der Region möglich. Der Salat zu den Knödeln stammt aus unserem eigenen Garten. Es ist halt auch eine besondere Freude, wenn man einfach hinausgehen kann und das Gemüse holt, was gerade gebraucht wird." Auf beste und regionale Qualität wird in allen Bereichen größter Wert gelegt. Etwas anderes passt ohnehin nicht zu Menschen, die mit ihrem überzeugten Tun dem Himmel sehr oft ganz nah sind.

Auf der Speisekarte der Marzoner Alm steht geschrieben:
„Bei einer Mahlzeit bewirtest du zwei Gäste – deinen Leib und deine Seele!"

koch Jörg Trafoier eigens für die Marzoner Alm kreiert. „Besonders beliebt ist außerdem die original Brettlmarende. Das ist eine Brettljause mit Sauergemüse", schwärmt Sepp. Das ist aber längst noch nicht alles. Ein herzhaftes Rindsgulasch mit Knödeln und sonntags ein Schöpserner Braten mit Knödeln sind noch im Angebot. Wildgerichte gibt es dann, wenn etwas geschossen wurde oder Jagdkollegen Wild vorbeibringen. Seit nunmehr drei Jahren wird an den letzten drei Freitagen im Oktober ein fünfgängiges Wildmenü angeboten. Werbung muss die Marzoner Alm dafür nicht mehr machen, denn alles ist bereits im Vorhinein ausgebucht.

Original **Brennnesselknödel**
auf Vinschgauer Käsesoße mit Almwiesenblumen

für 4 Personen

Zutaten

300 g blanchierte, gehackte
Brennnesseln
1 mittelgroße Zwiebel
Etwas Butter zum Anschwitzen
4 Eier
500 g Knödelbrot
Salz, Pfeffer

Für die leichte Käsesoße
300 g Schlagobers/Schlagsahne
50 ml Milch
100 g Marienberger Käse
Salz, Pfeffer
Almwiesenblüten nach Belieben und
Saison

Zubereitung

1. Für die Knödel die blanchierten Brennnesseln feinhacken oder in einem Mixer pürieren, die Zwiebel feinhacken und in der Butter leicht anschwitzen.

2. Brennnesseln, Zwiebeln und Eier mit dem Knödelbrot vermischen und gut durchkneten, mit Salz und Pfeffer abschmecken. Bei sehr trockenem Knödelbrot evtl. etwas Milch dazugeben.

3. Knödel formen und in leicht gesalzenem, kochendem Wasser etwa 10 Minuten sieden lassen.

4. Für die Käsesoße die Sahne mit der Milch zum Kochen bringen, den kleingeschnittenen oder grobgeriebenen Käse dazugeben und bei leichter Hitze unter ständigem Rühren schmelzen lassen. Mixen, bei Bedarf durch ein Sieb passieren und abschmecken.

5. Einen vorgewärmten Teller mit der Käsesoße und den Almwiesenblüten anrichten und die Knödel darauf servieren.

- -

Für die Almwiesenblumen können Sie auch die Mischung „Blütentraum" vom Kräuterschlössl in Goldrain verwenden. Sie kann im Onlineshop unter www.kraeutergold.it bestellt werden.

- -

Speckknödel mit Salat

für 4 Personen

Zutaten

300 g Knödelbrot
300 ml Milch
150 g Speck, geräuchert
150 g Zwiebeln
150 g Kochschinken
4 Eier
Salz, Pfeffer
Muskat
1 Bund Petersilie

Zubereitung

1. Das Knödelbrot mit heißer Milch übergießen und zugedeckt 30 Minuten quellen lassen. Speck in kleine Würfel schneiden und in einer Pfanne ohne weiteres Fett anbraten.

2. Zwiebeln schälen, feinwürfeln und zum Speck geben. Kochschinken in kleine Würfel schneiden und kurz mitbraten. Leicht abkühlen lassen und mit den Eiern und den Gewürzen zum weichen Knödelbrot geben. Knödelteig gut durchkneten. Zum Schluss noch feingeschnittene Petersilie untermischen.

3. Wasser in einem großen Topf zum Kochen bringen und salzen. Aus dem Knödelteig mit nassen Händen etwa 10 bis 12 kleine Knödel formen und in das kochende Wasser geben und sofort auf eine kleinere Flamme zurückschalten. Knödel im Wasser 15 bis 20 Minuten ziehen lassen, bis diese an der Oberfläche schwimmen. Mit mariniertem grünen Blattsalat servieren.

Rindsgulasch mit Knödeln

für 4 Personen

Zutaten

1 kg Zwiebeln
70 g Schweineschmalz
3 EL Paprikapulver
1 kg Rindsgulaschfleisch aus der
Wade oder dem Vorderviertel
1 EL Essig
Salz, Pfeffer
Majoran
Kümmel
3 Lorbeerblätter

Für die Knödel
100 g Zwiebeln
50 g Butter
3 Eier
250 ml Milch
Salz, weißer Pfeffer
Geriebene Muskatnuss
250 g Semmelwürfel
3 EL Petersilie
60 g Weizenmehl

Zubereitung

1. Für das Gulasch die Zwiebeln schälen und in Ringe schneiden. Das Schweineschmalz im Kochtopf erhitzen, die Zwiebelringe darin hell rösten und dann eine Stunde ganz leicht ziehen lassen. Paprikapulver dazugeben und verrühren.

2. Das Fleisch in ca. 4 x 4 Zentimeter große Würfel schneiden und zu den Zwiebeln geben. So lange durchrösten, bis das Fleisch rundum grau ist. Mit Essig ablöschen, salzen, mit Pfeffer, Majoran, Kümmel und Lorbeer würzen. Mit ein wenig heißem Wasser aufgießen und bei kleiner Flamme ca. 90 Minuten weichdünsten. Dabei immer wieder umrühren. Zum Schluss das Rindsgulasch noch einmal würzig abschmecken.

3. Für die Semmelknödel die Zwiebeln schälen und feinwürfeln. Butter in einer Pfanne erhitzen und Zwiebeln darin goldgelb anbraten. Danach gut auskühlen lassen.

4. In der Zwischenzeit die Eier aufschlagen und gut verquirlen. Mit Milch, Salz, Pfeffer und Muskat vermischen, über die Semmelwürfel gießen und gut vermengen. 20 Minuten gut durchziehen lassen. Die Petersilie säubern, trockenschütteln und kleinhacken. Dann mit den ausgekühlten Zwiebeln zur Semmelwürfelmasse geben und gut vermischen.

5. Zum Schluss das Mehl untermengen, damit eine gut formbare Knödelmasse entsteht. Die Hände mit kaltem Wasser befeuchten und Knödel formen. Diese in einem großen Topf in kochendes Salzwasser einlegen und zurückschalten, damit die Knödel nur noch leicht ziehen. Wenn sie je nach Größe nach 10 bis 15 Minuten an der Oberfläche schwimmen, sind die Knödel fertig und werden zusammen mit dem Rindsgulasch frisch serviert.

Hirtennudeln

für 4 Personen

Zutaten

200 g Gemüse der Saison
(z. B. Erbsen, Tomaten, Kohlrabi,
Karfiol/Blumenkohl, Paprika)
100 g Zwiebeln
5 Zehen Knoblauch
500 g Tomaten
200 g Schwammerln/Pilze der Saison
50 g Schweineschmalz
400 g Rindsfaschiertes/
Rindergehacktes
250 ml Schlagobers/Schlagsahne
Salz, Pfeffer
500 g Rigatoni oder Makkaroni
Kräuter der Saison

Zubereitung

1. Gemüse küchenfertig vorbereiten und je nach Art waschen, schälen, entkernen, teilen, kleinschneiden. Zwiebeln und Knoblauch schälen und feinhacken. Die Tomaten kreuzweise einschneiden und kurz in kochendes Wasser legen. Danach schälen und kleinschneiden.

2. Die essbaren Schwammerln/Pilze der Saison putzen und kleinschneiden. Schmalz in einer Pfanne erhitzen, Zwiebeln und Knoblauch darin anschwitzen. Fleisch dazugeben und mitbraten.

3. Geschnittene Tomaten und Gewürze dazugeben und 30 Minuten köcheln lassen. Gemüse und Pilze dazugeben und noch 5 Minuten garen. Mit Schlagobers aufgießen und durchrühren. Die Soße würzig abschmecken.

4. Die Nudeln nach Packungsangaben kochen und die Soße mit den Nudeln anrichten. Mit frischen Kräutern der Saison servieren.

Kaiserschmarren mit Preiselbeeren

für 4 Personen

Zutaten

4 Eier
280 ml Milch
100 g Weizenmehl
1 Prise Salz
30 g Zucker
1 Pck. Vanillezucker
3 EL Rum
50 g Butter
Staubzucker/Puderzucker zum
Übersieben
100 g Preiselbeermarmelade

Zubereitung

1. Die Eier mit Milch und Mehl glattrühren. Salz, Zucker, Vanillezucker und Rum untermischen, Teig 10 Minuten stehen lassen.

2. Die Butter in einer Pfanne erhitzen. Den Teig eingießen, dann die Pfanne abdecken. Den Schmarren so lange auf kleiner Flamme backen, bis er zu Dreivierteln durchgebacken ist. Danach teilen, wenden und in kleinere Stücke zerteilen.

3. Wenn der Schmarren durchgebacken ist und eine schöne braungelbe Farbe hat, auf Tellern anrichten und überzuckern. Dazu wird Preiselbeermarmelade serviert.

Schöpserner Braten

für 4 Personen

Zutaten

60 g Schweineschmalz oder Öl
1 kg Hammelfleisch
200 g Zwiebeln
5 Zehen Knoblauch
Salz, Pfeffer
Thymian
Gehackte Rosmarinblätter nach
Belieben
200 ml Rotwein
10 g Maisstärke

Zubereitung

1. Fett in einer Rein/einem flachen Kochtopf erhitzen und das Fleisch darin rundum kräftig anbraten. Zwiebeln und Knoblauch schälen und nicht zu klein schneiden.

2. Die Gewürze dazugeben und alles mit Rotwein ablöschen. Im Backofen 90 Minuten bei 175 °C garen. Wenn nötig mit etwas Wasser aufgießen. Mehrmals wenden.

3. Ist der Braten fertig, aus dem Topf nehmen und kurz ruhen lassen, damit sich die Flüssigkeit im Braten gleichmäßig verteilt und beim Aufschneiden nicht ausrinnt. Das Fett vom Bratensaft abschöpfen. Maisstärke in Wasser auflösen und den Bratensaft damit binden. Am besten mit Semmelknödeln oder Speckknödeln servieren.

Schwarzpolentatorte mit Preiselbeeren

für 4 Personen

Zutaten

200 g Butter
100 g Staubzucker/Puderzucker
6 Eidotter/Eigelb
200 g Buchweizenmehl
(Schwarzpolenta)
200 g geriebene Haselnüsse
2 grobgeriebene Äpfel
1 Msp. ger. Zitronenschale
6 Eiklar/Eiweiß
100 g Zucker
Butter und Mehl für die Tortenform
Preiselbeermarmelade zum Füllen
Staubzucker/Puderzucker zum
Bestreuen

Zubereitung

1. Die weiche Butter mit dem Staubzucker schaumig rühren. Die Eidotter nach und nach unterrühren. Dann Buchweizenmehl, geriebene Haselnüsse, geriebene Äpfel, Zitronenschale untermischen.

2. Das Eiklar mit dem Zucker zu festem Eischnee aufschlagen und unter den Kuchenteig heben. Die Masse in eine mit Butter ausgestrichene und bemehlte Springform geben und im vorgeheizten Backofen bei 180 °C 40 Minuten backen. Danach auskühlen lassen.

3. Aus der Form nehmen, mit Preiselbeermarmelade füllen und mit Staubzucker bestreuen.

Beliebtes Ausflugsziel

Mit Blumen geschmückt ist der Holzzaun vor der schönen Terrasse mit den alten Holztischen und Holzbänken ein wunderbarer Anblick. Er ist ein bisschen verwittert, wie es eben auf einer Alm so ist. Aber gerade das macht die Alm so attraktiv und lädt zum Verweilen ein. Allein wegen des schönen Ambientes, wie man heute gern sagt, mögen die Gäste diesen besonderen Platz im Südtiroler Vinschgau hoch über dem Tal.

Bei schlechtem Wetter bieten die zwei gemütlichen Stuben in der Hütte auch vielen Leuten Platz

und jeder genießt es und ist froh, wenn er noch ein kleines Platzerl zum Rasten und zum Genießen findet. „Auf der Alm sind dann alle Menschen gleich und verstehen einander auch sehr gut. Man rückt zusammen, damit auch die anderen mit am Tisch sitzen können. Oft hat man den Eindruck, dass sich die Menschen umso wohler fühlen, je enger sie sitzen", erzählt die Sennerin Gudrun.

Sepp ist davon überzeugt, dass er bei seinem kulinarischen Angebot richtig liegt: „Die Leute wissen, was sie bei uns erwartet. Sie können sich auf unser traditionelles Angebot mit besten, frischen Lebensmitteln verlassen. Und ich verwehre mich dagegen, alles anzubieten. Es gibt keine Pommes oder Riesengarnelen bei mir. Wer so etwas bevorzugt, ist bei uns falsch. Wir bewirtschaften eine Almhütte und sind Bauern, die ihre regionalen, hochwertigen Nahrungsmittel zu leckeren Gerichten verarbeiten. Das schätzen die Gäste schon sehr."

Sicher ist auch die gute Erreichbarkeit der Alm mit ein Grund, warum die Gerstgrassers viele Gäste immer wieder begrüßen dürfen, dazu der Kinderspielplatz und das flache Gelände. Die Marzoner Alm ist eine ideale Familienalm.

Eine Alm auch für Einheimische

Die Marzoner Alm zeichnet sicher aus, dass sehr viele „Einheimische" auf die Alm kommen, um sich von Sepp und Gudrun mit Lena kulinarisch verwöhnen zu lassen. Die Leute aus der Umgebung kommen meistens an den Wochenenden, da sie wochentags bei der Arbeit sind. „Interessant zu beobachten ist, dass die Touristen gern zu anderen Speisen greifen als die Einheimischen. Unsere

Freude, Begeisterung und Gedanken

Sepp, Gudrun und Lena sind gute Gastgeber und gern mit Menschen zusammen. Sie stecken in ihre Arbeit sehr viel Liebe, und das ist schon beim Ankommen auf der Alm spürbar. Persönlich würde Sepp sich eine Alm wünschen, die halb so groß wäre. „Dann hätte ich mehr Zeit für die Gäste. So geht es oft sehr hektisch her." Dennoch will der Senner alles selbst kochen, das ist ihm wichtig. Sonntags braucht die Familie aber viele helfende Hände. Es gibt auf der Alm sogar ein Boniersystem mit Computer, dafür bleibt dann ein wenig mehr Zeit für den Gast. Am Abend und am Vormittag wird vieles vorbereitet, um gut gerüstet zu sein. Die Knödel werden in Kühlladen gelegt. „Sie werden keine zwei Tage alt. Wenn etwas aus ist, ist es aus. Es muss nicht immer alles da sein und wird auch nicht ständig neu produziert", sagt Sepp. Die Gerichte variieren, das Angebot ist nicht immer gleich, das ist auch abhängig von der Verfügbarkeit der Lebensmittel und spiegelt deren Wertschätzung wider.

Man soll dem Leib etwas Gutes bieten, damit die Seele Lust hat, darin zu wohnen. *(Teresa von Avila)*

Leute hier ‚stürzen' sich auf den Hammelbraten, den sie sehr schätzen. Auswärtige Gäste kennen dieses Gericht oft gar nicht und sind dann eher vorsichtig", weiß Küchenchef Sepp, der sein Vieh von den Bergbauern aus der Region bezieht, das vom Metzger geschlachtet und küchenfertig vorbereitet wird. Gern kommen die Menschen aus der Region an den Wochenenden auch zu Kuchen und Kaffee. Sehr beliebt ist die Schwarzpolentatorte, die Rouladen mit frischen Beeren vom Hof der Tochter und des Schwiegersohns. Die frischen Beeren mögen die Gäste auch in Kombination mit frischer Buttermilch.

Prante-kammeralm

in Innervillgraten

Öffnungszeiten Almhütte:
Mai bis September, Zimmervermietung am Hof seit
1976 – 2 Zimmer ganzjährig

Familie Lusser
Klamperplatz 117
9932 Innervillgraten, Osttirol, Österreich

walcheggerhof@gmx.at
Tel.: +43 (0)4843 5102

Almurlaub auf der Prantekammeralm bei Familie Lusser

Almerlebnis einmal anders – das trifft auf die Prantekammeralm und das Tal in Innervillgraten in Osttirol zu, denn hier geht es zurück zu den Wurzeln des Almlebens. Gäste haben hier die Möglichkeit, ihren Urlaub in alten Almhütten ohne Strom und ohne Fließwasser und als Selbstversorger – also ganz wie früher – zu genießen.

Der Weg zur Alm ist etwas weiter als der zu den bisher beschriebenen Almen, aber es ist mit Sicherheit ein unvergesslicher Weg in ein Stück Paradies. Altbäuerin und Sennerin aus Leidenschaft, Maria Lusser vom Walcheggerhof, die gemeinhin auch als Maria Walchegger bekannt ist, sieht ihre Heimat so: „Wir leben schon auf einem sehr schönen Stück unserer Erde. Auch wenn es bei uns fast überall steil hinaufgeht, haben wir unsere Flächen am Hof

und auf der Alm immer schön gepflegt. Heute teilen wir diese gepflegte Umgebung gern mit unseren Almgästen. Und sind mit ihnen zusammen so dem Himmel sehr nah."

Auf der Prantekammeralm gibt es zwei Hütten; eine wunderbare und gemütliche Almhütte wird an Feriengäste vermietet. „Die Menschen kommen sehr gern zu uns, weil sie dort oben ihre Ruhe haben und wieder einmal mit sich selbst leben können. Auch Familien kommen gern, die hier viel Zeit fürelnander haben. Da lenkt nichts ab. Da kommen die Menschen dem Himmel oft viel näher, weil sie

Das „paradiesische Stückchen Erde" in Innervillgraten ist leicht zu finden. Kommt man von Lienz, geht es bald nach Heinfels, dann rechts Richtung Außervillgraten, und schon bald öffnet sich das Tal nach Innervillgraten. Von Italien kommend biegt man früh nach Sillian links in das Villgratental ab. In Innervillgraten geht es in dem sehr schönen, ruhigen Ort links bei der Tischlerei Lanser hinauf zum Walcheggerhof der Familie Lusser, Klamperplatz 117. Der Heimathof, zu dem die Prantekammeralm gehört, ist leicht zu finden. Es ist der Hof steil oben im Hang, der genau in der zweiten Kurve liegt. Von dort geht es links in das Oberhofertal zur Galleralm, die zurzeit von den Walcheggers bewirtschaftet wird. Zur Prantekammeralm geht es nach dem Bauernhof rechts weiter.

wieder spüren, was ihnen guttut und was ihnen schon lange gefehlt hat", ist Maria Lusser überzeugt. Die Almhütte kann von Anfang Juni bis September gebucht werden, aber man muss Glück haben, um noch freie Tage für einen Urlaub dort oben zu bekommen.

Natur in 2000 Meter Seehöhe

Die Prantekammeralm wurde 1950 erneuert. Sie war davor die bewirtschaftete Alm für die Bauersleute vom Walcheggerhof und das Sommerquartier für Rinder und Kühe. Den Hof mit der Alm hat der Großvater von Maria Lussers Mann Jahrzehnte zuvor gekauft. „Mein Mann hat diese Alm geliebt! Er war so gern oben. Er genoss die herrliche Umgebung und die Ruhe. Da auf dieser Alm das Wasser für das Vieh eher knapp war, haben wir uns aber entschieden, unsere zweite Alm, die Galleralm, zu bewirtschaften. Sie liegt auf einer Höhe von 1800 m und wurde im Jahr 1954 errichtet. Der Oberhoferbach bietet ausreichend Wasser für das Vieh. Die Almhütte steht allerdings in einem Tal, und da ist der Ausblick mit dem auf der Prantekammeralm nicht vergleichbar. Das ist ‚meine' Alm, wo ich seit 1983 jeden Sommer so gerne bin. Es ist ein sehr guter Platz für mich", erzählt die rüstige Altbäuerin. Umgesiedelt wurde im Jahr 1983. Für das Jungvieh gibt es eine Gemeinschaftsalm. Es sind insgesamt 90 Hektar Weidefläche, das Gebiet ist aber viel größer. 1987 kam dann die Schwiegertochter ins

Die selbst gemachten Produkte der Alm waren bei den Gästen sehr beliebt. Momentan sind immer noch vier bis fünf Kühe auf der Alm. Hühner und Schweine bleiben während der Sommermonate am Hof. Auf der Galleralm wird die Melkmaschine mit der Wasserkraft des Bachs betrieben. Zurzeit verarbeitet man die Almmilch am Heimathof. Aus der Magermilch werden jetzt Graukäse und die beliebten Käseboller produziert. Die Vollmilch wird zu Joghurt, Schnittkäse und Weichkäse weiterverarbeitet. Auch köstliche Butter wird immer noch regelmäßig gemacht. Das alles ist nur möglich, weil man zurzeit keine Milch verkauft.

Haus und ab dieser Zeit konnte Maria Lusser den ganzen Sommer auf der Alm bleiben. Die Prantekammeralm wird somit von Anfang Juni bis Oktober almliebenden Sommergästen vermietet, die für einige Tage oder Wochen Ruhe suchen.

Die Almwirtschaft

Maria Lusser hat immer schon eine Alm bewirtschaftet. „In der Früh begann es mit dem Melken der Kühe, dann wurde der Rahm der letzten Tage in einem 'Schloaka', einem Butterstößel, gebuttert. Ein Fitnessstudio habe ich nie gebraucht, der Butterstößel hat diesen Zweck erfüllt. Die Holzschüssel zum Butterauswaschen wurde über Generationen weitergegeben und hat für uns einen persönlichen Wert. Zuletzt wurde gekäst. Wir haben Schnittkäse und auch die Käseboller hergestellt."

Altbäuerin Maria Lusser berichtet, wie es früher mit dem Milchverkauf war: „Mein Mann hat immer die Milch von der Alm zu Fuß ins Tal gebracht. Durch die schwere Arbeit hatte er aber schon sehr früh mit einem Rückenleiden zu tun. Dann bin ich selber mit der Milchkanne im Winter mit dem Schlitten ins Dorf gefahren. Irgendwann ist uns bewusst geworden, dass wir uns das Leben verkürzen, wenn wir so hart weitermachen. So haben wir den Betrieb mit den Kühen nicht ausgeweitet. An Lebensqualität haben wir dadurch gewonnen. Jünger wird man ja auch nicht mehr." Dazu kamen die immer anspruchsvolleren hygienischen Vorschriften für die Käseherstellung. Dadurch hätte in einen neuen Milchverarbeitungsraum investiert werden müssen. Dazu war aber die Milchmenge wieder zu gering, als dass sich diese Investition gerechnet hätte. Aus Sicht der Walcheggerhofbäuerin war dies für den Betrieb die richtige Entscheidung.

„So hat sich alles entwickelt, wie es sein sollte. Und so findet auch jeder seinen Platz für sich, wo es ihm gut geht. Wir in den Familien ebenso wie unsere Gäste, die sich dort oben sehr wohlfühlen und beinahe als andere Menschen wieder herunterkommen. Da muss es schon noch mehr geben zwischen Himmel und Erde als nur den Menschen allein", sagt Maria Lusser nachdenklich und bringt damit ihren gelebten christlichen Glauben deutlich zum Ausdruck. Schnell erzählt sie dann aber weiter, wie gern die Gäste auch die natürlichen Produkte der Galleralm und des Walcheggerhofs annehmen. Das gehört zu einem richtigen Almurlaub natürlich auch dazu. Wer sich dort oben von Fertigprodukten ernährt, der ist nicht wirklich angekommen. Auf der Alm wächst nach Ansicht von Maria Lusser der größte Pflanzenschatz, der Bergschnittlauch, der wesentlich kräftiger schmeckt als der Gartenschnittlauch. Da gerät die Sennerin gleich ins Träumen und Schwärmen von den wunderbaren Knödeln mit Bergschnittlauch.

Knödel mit Bergschnittlauch

für 4 Personen

Zutaten

150 g Speck
100 g geräucherte Wurst
250 g Knödelbrot
100 g Weizenmehl oder
Weizenvollkornmehl
2–3 Eier
ca. 250 ml Milch
100 g Butter
Bergschnittlauch

Zubereitung

1. Speck und Wurst feinwürfeln. Knödelbrot und Mehl dazugeben und gut untermischen.

2. Eier und Milch versprudeln/verquirlen und langsam unter die Knödelmasse mischen. Zehn Minuten ziehen lassen, dann aus der Masse Knödel formen.

3. Wasser in einem Topf erhitzen und salzen. Knödel in das kochende Salzwasser einlegen und bei geringer Hitze 15 Minuten leicht köcheln lassen, bis sie an der Oberfläche schwimmen. Die Butter in einem kleinen Topf bräunen und zusammen mit dem frischen Bergschnittlauch servieren.

Topfenaufstrich mit Bergschnittlauch

für 4 Personen

Zutaten

250 g Topfen/Quark
2–3 EL Schlagobers/Schlagsahne
Salz und Pfeffer
Reichlich Bergschnittlauch

Zubereitung

1. Topfen und Schlagobers cremig verrühren und mit Salz und Pfeffer abschmecken.

2. Schnittlauch waschen, hacken und unter den Quark mischen. Auf herzhaftem, dunklem Bauernbrot servieren.

Das Almleben als Sennerin

Auf die Frage, warum die quirlige Altbäuerin des Walcheggerhofs noch immer so gern auf der Alm ist, antwortet Maria Lusser prompt: „Weil ich die bäuerliche Arbeit so gern mache und die Alm meine zweite Heimat ist. Ich setze mich immer wieder auf den Balkon und betrachte die schöne Umgebung. Den Gämsen und Hirschen in ihrem Treiben zuzusehen und ihren Umgang miteinander zu beobachten ist immer spannend. Es ist die himmlische Ruhe und man kann sie auch wirklich genießen. Besonders erfreue ich mich immer wieder über den Gesang der Vögel. Für mich ist es Erholung, auch wenn es viel Arbeit ist. Jedes Jahr war ich so voll Vorfreude auf das Almleben, und es war immer so schön, wenn ich mit meinem Mann wieder oben auf der Galleralm den Sommer verbringen konnte."

Nach dem Tod des Mannes sind die Enkelkinder mit ihr auf die Alm gegangen. Enkel Valentin ist schon mit vier Jahren den halben Almsommer bei seiner Oma auf der Alm geblieben. Die Enkel des Heimathofs sind bis heute eine große Stütze. Durch einen Unfall bei einer Lourdesreise ist Maria einen Sommer lang ausgefallen. Da hat der damals 15-jährige Enkel Michael die Almarbeit mit Unterstützung des Vaters und des Bruders bewerkstelligt.

Der Weg von der Almhütte bis zur Weide der Jungrinder dauert zu Fuß ca. eine halbe Stunde. Jeden zweiten Tag wird dem Vieh Salz und Kraftfutter mitgebracht und kontrolliert, ob alles in Ordnung ist. Nachdenklich erzählt Maria: „Früher haben wir auch Jungvieh von anderen Bauern betreut. Ja, es war immer viel Arbeit. Mein Mann ist im Herbst immer wieder gern von der Alm heimgegangen, weil für ihn die Arbeit schon mühsamer wurde. Ich wollte im Herbst immer noch Tage für die Alm stehlen, weil ich dort oben dem Himmel immer besonders nah war. So ist das Leben gegangen."

Ja, so ist das Leben gegangen! Die sehr christlich eingestellte Walcheggerbäuerin Maria Lusser hat auch etwas von dieser Welt gesehen. Allerdings waren es ihrem Glauben entsprechende Reiseziele. So war sie einige Male im Heiligen Land und in Lourdes.

Maria hat ihre schwerbehinderte Tochter 58 Jahre lang liebevoll zu Hause gepflegt, im August 2015 ist sie verstorben. Zu ihrer Mutter hatte sie eine ganz besondere Beziehung. „Genau hat sie gespürt, wenn ich wegfahren wollte", erzählt Maria etwas wehmütig, aber auch dankbar.

kann so eine schöne heimatliche Gemeinschaft entstehen. Wir haben auch die Mariä-Himmelfahrt-Sträußerl eingeführt. Das sind hübsche Kräuterbüscherl mit den Kräutern und heilsamen Blüten, die um diese Zeit wachsen. Da haben die Bäuerinnen dann ,Festtag gehalten'. An den Festtagen gibt es bis heute die Spezialitäten der Region und des Ortes, die sehr beliebt sind. Die Tradition wird von der nächsten Generation bis heute noch immer weitergeführt", schildert Maria. Man sieht, wie stolz sie das macht, und spürt, wie wichtig ihr auch die Arbeit in der Gemeinschaft mit den Ortsbäuerinnen war.

„Man muss auch etwas abgeben können", berichtet sie weiter. „Meine Schwiegertochter Johanna hat mich immer gut unterstützt. Heute unterstütze ich sie. Ich bin dankbar, dass es mir gelungen ist, die Freude an der Arbeit weiterzugeben. Für Johanna ist es auch sehr wichtig, vieles selbst zu produzieren. Das geht hin bis zum Brotbacken für die eigene Familie. Wenn man sieht, wie das Selbstgemachte von der Familie und den Gästen geschätzt wird, bekommt man richtig Freude bei der Zubereitung." Auf die Alm zieht es Altbäuerin Maria immer noch und sie ist dort glücklich und zufrieden.

Landfrauen

Die begeisterte Almbäuerin hat ihr Leben nicht nur für sich gelebt, sondern sehr viel Zeit mit anderen, gleichgesinnten Bäuerinnen geteilt. 18 Jahre ist sie der Bäuerinnenorganisation der Gemeinde vorgestanden. Mit großer Freude, mit Liebe und aus tiefster Überzeugung haben die Frauen gemeinsam das bäuerliche Leben in der Gemeinde präsentiert. „Das Brauchtum in einem Ort rund ums Jahr wird großteils von bäuerlicher Hand geprägt. Es ist ja auch ein Stück Heimat, das man dadurch erhält. Das ist in allen Teilen des Landes so. Gemeinsam mit den örtlichen Vereinen

Villgratener Schlipfkrapfen

für 4 Personen

Zutaten

Für den Teig
500 g glattes Mehl (oder halb Roggenmehl und halb Weizenbrotmehl)
4 EL Öl
1 Prise Salz
1 Ei
Wasser nach Bedarf

Für die Fülle
1 kg mehlig kochende Kartoffeln
1 große Zwiebel
1 Stange Porree
50 g Butter
Schnittlauch
Petersilie
3 Knoblauchzehen
Salz, Pfeffer
100 g Butter
geriebener Käseboller

Zubereitung

1. Aus den Teigzutaten einen mittelfesten Nudelteig kneten und zugedeckt gut 30 Minuten rasten lassen.

2. Für die Fülle die Kartoffeln kochen beziehungsweise dämpfen und noch heiß schälen. Sofort durch die Kartoffelpresse drücken. Zwiebel und Porree säubern, waschen und kleinschneiden. Beides in Butter goldgelb anrösten und abkühlen lassen. Anschließend mit Schnittlauch, Petersilie, feingeschnittenem Knoblauch, Salz und Pfeffer zu den Kartoffeln dazugeben und gut verkneten. Wenn die Masse nicht gut hält, können 2 bis 3 EL Milch dazugegeben werden.

3. Den Teig dünn auswalken. Mit einem runden Ausstecher fünf Zentimeter große Scheiben ausstechen. Kartoffeln daraufgeben und zu einem Halbmond falten. Die Ränder mit Daumen und Zeigefinger gut zusammendrücken.

4. Im Salzwasser fünf Minuten köcheln lassen und anschließend abseihen. Butter in einem Topf bräunen, zusammen mit geriebenem Käseboller über den Schlipfkrapfen verteilen, dann servieren und genießen.

Übrig gebliebene Fülle kann man wie Kartoffelpuffer in einer Pfanne braten. Übriger Teig kann in Streifen geschnitten, getrocknet und dann zu Nudeln weiterverarbeitet werden.

Villgrater Nigelen

für 4 Personen

Zutaten

20 g Germ/Hefe
100 g Zucker
250 ml Milch
500 g Weizenmehl
1 TL Salz
4 Eier
100 g Butter
Etwas Rum
Anis
Schweinefett, Butterschmalz oder
Öl zum Backen
Staubzucker/Puderzucker zum
Bestreuen

Zubereitung

1. Mit allen Teigzutaten einen mittelweichen Germteig bereiten. Diesen zugedeckt mindestens eine Stunde gehen lassen.

2. Dann den Teig etwa zwei Zentimeter dick ausrollen, mit einem runden Ausstecher Scheiben mit fünf Zentimeter Durchmesser ausstechen. Auf ein bemehltes Brett oder Tuch legen und nochmals aufgehen lassen.

3. Die Nigelen im heißen Backfett goldbraun backen. Anschließend auf einem Gitter abkühlen lassen. Vor dem Servieren mit Staubzucker bestreuen.

Riebler

für 4 Personen

Zutaten

750 g Erdäpfel/Kartoffeln
ca. 500 g Maismehl
Salz
Butterschmalz zum Braten

Zubereitung

1. Die Erdäpfel mit der Schale kochen, dann schälen und auskühlen lassen. Danach grobreiben.

2. Mit Mehl und Salz vermischen, bis ein krümeliger Teig entsteht. In einer Pfanne Butterschmalz erhitzen und die vorbereitete Masse darin unter häufigem Wenden goldbraun anrösten. Mit frischer Milch servieren.

Fleischpfrigellan

für 4 Personen

Zutaten

1 Handvoll Weizenmehl
1 Ei
1 l Fleischsuppe
1 Handvoll kleingewürfelter
Bauchspeck
Kräutersalz
Schnittlauch

Zubereitung

1. Mehl und Ei vermengen und zu einem festen Teig kneten. Diesen dann entweder reiben oder mit der Hand verbröseln. Das nennt sich dann Pfrigellan.

2. In heiße Fleischsuppe Speck geben, kurz kochen lassen, dann die Pfrigellan zwei Minuten lang einkochen. Während des Kochens öfter umrühren. Mit Kräutersalz gut abschmecken und mit Schnittlauch bestreut servieren.

Urlaub auf der Alm

Im Villgratental gibt es auf den Hochalmen einige Almhütten, die heute als Ferienhäuser vermietet werden. Besonders bekannt ist die Oberstalleralm mit 19 Almhütten. Auch die Prantekammeralm ist auf einer Hochalm gelegen und wird von den Gästen sehr gern angenommen. Ausgebucht ist die urige Almhütte von Anfang Juni bis Oktober. „Das ist sehr erfreulich. Die Leute kommen von überallher. Wir haben Stammgäste, die uns schon 20 Jahre lang treu sind. So ergänzen sich unsere zwei Hütten sehr gut. Die eine wird bewirtschaftet, die

andere vermietet. Die Gäste schätzen neben den vielen schönen Dingen auf der Alm auch die hofeigenen Produkte", schildern Maria und Johanna Lusser. Beides ergänzt sich gut und trägt zum Einkommen bei.

Die Gäste betonen immer wieder, dass sie, sobald sie auf der Almhütte sind, den Alltagsstress hinter sich lassen. Sie fühlen sich dort oben einfach frei. Frei von den Alltagssorgen, frei von den vielen Nachrichten aus der Welt der Medien, frei von Lärm und Hektik, frei von dem Übermaß an Dingen, die einem immer und überall begegnen. Bei einem Urlaub auf der heimeligen, bescheidenen Almhütte stellen sie dann immer wieder fest, mit wie wenig man sehr gut leben kann. Junge Familien mit Kindern nützen die Almhütte auch deshalb, weil sie nicht so teuer ist. Die Kinder lernen mit der Natur, der Bescheidenheit und der Ruhe umzugehen.

In der Hütte selbst gibt es kein Wasser, dafür einen Brunnentrog vor dem Haus. Es gibt auch keinen Strom auf der Alm, man muss also mit den Tages- und Nachtzeiten leben und mit der natürlichen

Dunkelheit wieder umgehen lernen. Mit Kerzen und Petroleumlampen wird für Beleuchtung gesorgt. Es gibt im Haus auch keine Sanitäranlagen, dafür aber ein Plumpsklo am Balkon. Eine Annehmlichkeit haben die Gäste allerdings. Sie können mit dem Auto bis zur Almhütte fahren.

Eintauchen in eine andere Welt

Es ist für die Urlauber immer wie ein Eintauchen in eine andere Welt, die mitunter ihr Leben verändert. „Die Menschen erkennen bei uns, dass die Natur so viele Schönheiten zu bieten hat.

Die Gäste werden vom wunderbaren Vogelgezwitscher geweckt und hören das Wasser im Brunnentrog plätschern. Die klare, reine Luft ist für manchen eine echte Offenbarung. Auf einmal kann man wieder Düfte der Natur wahrnehmen. Ja, wenn all das bewusst wird, dann werden die Menschen wieder ehrfürchtig der Natur gegenüber", sagt die Walcheggerbäuerin. Sie schließt mit den Worten: „Das ist schon ein besonderer Platz dort oben auf der Prantekammeralm. Uns freut es, dass wir mit so vielen Gästen ein Stück unseres Habens und Seins teilen können. Für uns wird ja nichts weniger, für sie alle aber viel mehr. Mehr Einblick in die Natur, ins eigene Leben, die Menschen spüren sich wieder von einer anderen Seite. Das tut auch uns gut."

Zum Dank

Liebe Leute von den Almen!

Uns ist es besonders wichtig, euch allen unseren herzlichsten Dank für die gute Zusammenarbeit auszusprechen. Der Dank gilt für die umgehende Zusage, dass wir mit euch das Projekt umsetzen können. Weiters danken wir für eure Zeit und für eure Gastfreundschaft in euren Häusern, wo wir uns bei den Gesprächen immer sehr wohl gefühlt haben. Ihr habt euch dankenswerterweise auch noch die Mühe gemacht, unsere verfassten Texte durchzulesen und wenn es notwendig war zu korrigieren. Dann kam dazu noch die Zeit für die Fotos, die mancherorts noch zu machen waren.

Diese überaus gute Zusammenarbeit mit Monika Zefferer von der Wachlingerhütte, mit Lisi und Werner Matiescheck von der Mayerlehenhütte, mit Andreas Hundsbichler von der Junsalm, mit Gudrun, Sepp und Lena Gerstgrasser von der Marzoneralm und mit Maria Lusser von der Prande-kammeralm hat dieses Projekt erst in dieser Form möglich gemacht. Und zum Projektabschluss bleibt die Dankbarkeit für die effektiven Stunden mit euch.

Da sind auch wir alle dem Himmel ein Stück näher-gekommen.

Rezeptregister

Almdorf Fallerschein
südöstlich von Stanzach im Namenloser Tal,
Nordtirol/Österreich

Penauder Alm im Penaudtal im Vinschgau,
Südtirol/Italien

Kuhtrieb zum Almdorf Engalm im
Karwendelgebirge, Österreich

Ladizalm im Karwendelgebirge am Ende des
Johannestales, Österreich

Dalfazalm im Karwendelgebirge im Rofan, Österreich

Mastaunalm im Schnalstal in Südtirol/Italien

Berglalm im Schnalstal bei Meran, Südtirol/Italien

Mauslochalm am Nörderberg von Naturns, Südtirol/Italien

Praderalm im Gemeindegebiet
von Stilfs am Stilfser Joch, Südtirol/Italien

Naturnser Alm im Vinschgau, Südtirol/Italien

Gainschniggalm in Rauris im
Talschluss Kolm-Saigurn, Österreich

Filzenalm im Rauriser Hüttwinkltal, Österreich

Unterstaller Alm im Villgratental,
Osttirol/Österreich

Almhütten im Gschlösstal in Matrei,
Osttirol/Österreich

Alm im Ködnitztal am Großglockner,
Osttirol/Österreich

Regalm am Wilden Kaiser, Nordtirol/Österreich

HAFTUNGSAUSSCHLUSS

IMPRESSUM

avBUCH im CADMOS Verlag

Copyright © 2016 Cadmos Verlag, Schwarzenbek
Gestaltung und Satz: ravenstein2, Verden
Lektorat: Christine Weidenweber

Coverfoto: Udo Bernhart
Fotos im Innenteil: Udo Bernhart

Druck: GRASPO CZ, a.s., Tschechische Republik, www.graspo.com

Deutsche Nationalbibliothek – CIP-Einheitsaufnahme
Die Deutsche Nationalbibliothek verzeichnet diese Publikation in der Deutschen Nationalbibliografie; detaillierte bibliografische Daten sin d im Internet über http://dnd.ddb.de abrufbar.

Printed in Czech Republic

ISBN: 978-3-8404-3039-8